壮美新广西
精彩新气象

新中国气象事业70周年·广西卷

广西壮族自治区气象局

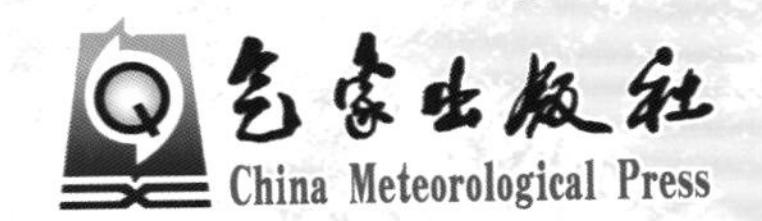

图书在版编目（CIP）数据

新中国气象事业 70 周年．广西卷 / 广西壮族自治区气象局编著．-- 北京：气象出版社，2020.12

ISBN 978-7-5029-7149-6

Ⅰ．①新… Ⅱ．①广… Ⅲ．①气象－工作－广西－画册 Ⅳ．① P468.2-64

中国版本图书馆 CIP 数据核字 (2020) 第 089834 号

新中国气象事业70周年·广西卷

Xinzhongguo Qixiang Shiye Qishi Zhounian · Guangxi Juan

广西壮族自治区气象局　编著

出版发行： 气象出版社

地　　址： 北京市海淀区中关村南大街46号　　**邮政编码：** 100081

电　　话： 010-68407112（总编室）　010-68408042（发行部）

网　　址： http://www.qxcbs.com　　**E－mail：** qxcbs@cma.gov.cn

策　　划： 周　露

责任编辑： 颜娇珑　　**终　　审：** 吴晓鹏

责任校对： 张硕杰　　**责任技编：** 赵相宁

装帧设计： 新光洋（北京）文化传播有限公司

印　　刷： 北京地大彩印有限公司

开　　本： 889 mm×1194 mm　1/16　　**印　　张：** 13

字　　数： 333 千字

版　　次： 2020 年 12 月第 1 版　　**印　　次：** 2020 年 12 月第 1 次印刷

定　　价： 268.00 元

总序

1949 年 12 月 8 日是载入史册的重要日子。这一天，经中央批准，中央军委气象局正式成立，开启了新中国气象事业的伟大征程。

气象事业始终根植于党和国家发展大局，与国家发展同行共进、同频共振。伴随着国家发展的进程，气象事业从小到大、从弱到强、从落后到先进，走出了一条中国特色社会主义气象发展道路。新中国成立后，我们秉持人民利益至上这一根本宗旨，统筹做好国防和经济建设气象服务。在国家改革开放的大潮中，我们全面加速气象现代化建设，在促进国家经济社会发展和保障改善民生中实现气象事业的跨越式发展。党的十八大以来，我们坚持以习近平新时代中国特色社会主义思想为指导，坚持在贯彻落实党中央决策部署和服务保障国家重大战略中发展气象事业，开启了现代化气象强国建设的新征程。70 年气象事业的生动实践深刻诠释了国运昌则事业兴、事业兴则国家强。

气象事业始终在党中央、国务院的坚强领导和亲切关怀下，与伟大梦想同心同向、逐梦同行。党和国家始终把气象事业作为基础性公益性社会事业，纳入经济社会发展全局统筹部署、同步推进。毛泽东主席关于气象部门要把天气常常告诉老百姓的指示，成为气象工作贯穿始终的根本宗旨。邓小平同志强调气象工作对工农业生产很重要，江泽民同志指出气象现代化是国家现代化的重要标志，胡锦涛同志要求提高气象预测预报、防灾减灾、应对气候变化和开发利用气候资源能力，都为气象事业发展指明了方向，鼓舞着我们奋勇前行。习近平总书记特别指出，气象工作关系生命安全、生产发展、生活富裕、生态良好，要求气象工作者推动气象事业高质量发展，提高气象服务保障能力，为我们以更高的政治站位、更宽的国际视野、更强的使命担当实现更大发展，提供了根本遵循。

在党中央、国务院的坚强领导下，一代代气象人接续奋斗、奋力拼搏，气象事业发生了根本性变化，取得了举世瞩目的成就。

70 年来，我们紧紧围绕国家发展和人民需求，坚持趋利避害并举，建成了世界上保障领域最广、机制最健全、效益最突出的气象服务体系。

面向防灾减灾救灾，我们努力做到了重大灾害性天气不漏报，成功应对了超强台风、特大洪水、低温雨雪冰冻、严重干旱等重大气象灾害，为各级党委政府防灾减灾部署和人民群众避灾赢得了先机。我们建成了多部门共享共用的国家突发事件预警信息发布系统，努力做到重点灾害预警不留盲区，预警信息可在 10 分钟内覆盖 86% 的老百姓，有效解决了“最后一公里”问题，充分发挥了气象防灾减灾第一道防线作用。

面向生态文明建设，我们构建了覆盖多领域的生态文明气象保障服务体系，打造了人工影响天气、气候资源开发利用、气候可行性论证、气候标志认证、卫星遥感应用、大气污染防治保障等服务品牌，开展了三江源、祁连山等重点生态功能区空中云水资源开发利用，完成了国家和区域气候变化评估，组织了四次全国风能资源普查，探索建设了国家气象公园，建立了世界上规模最大的现代化人工影响天气作业体系，人工增雨（雪）覆盖 500 万平方公里，防雹保护达 50 多万平方公里，有力推动了生态修复、环境改善，气象已经成为美丽中国的参与者、守护者、贡献者。

面向经济社会发展，我们主动服务和融入乡村振兴、“一带一路”、军民融合、区域协调发展等国家重大战略，主动服务和融入现代化经济体系建设，大力加强了农业、海洋、交通、自然资源、旅游、能源、健康、金融、保险等领域气象服务，成功保障了新中国成立 70 周年、北京奥运会等重大活动和南水北调、载人航天等重大工程，积极引导了社会资本和社会力量参与气象服务，服务领域已经拓展到上百个行业、覆盖到亿万用户，投入产出比达到 1 ∶ 50，气象服务的经济社会效益显著提升。

面向人民美好生活，我们围绕人民群众衣食住行健康等多元化服务需求，创新气象服务业态和模式，大力发展智慧气象服务，打造“中国天气”服务品牌，气象服务的及时性、准确性大幅提高。气象影视服务覆盖人群超过 10 亿，“两微一端”气象新媒体服务覆盖人群超 6.9 亿，中国天气网日浏览量突破 1 亿人次，全国气象科普教育基地超过 350 家，气象服务公众覆盖率突破 90%，公众满意度保持在 85 分以上，人民群众对气象服务的获得感显著增强。

70 年来，我们始终坚持气象现代化建设不动摇，建成了世界上规模最大、覆盖最全的综合气象观测系统和先进的气象信息系统，建成了无缝隙智能化的气象预报预测系统。

综合气象观测系统达到世界先进水平。气象观测系统从以地面人工观测为主发展到“天—地—空”一体化自动化综合观测。现有地面气象观测站 7 万多个，全国乡镇覆盖率达到 99.6%，数据传输时效从 1 小时提升到 1 分钟。建成了 216 部雷达组成的新一代天气雷达网，数据传输时效从 8 分钟提升到 50 秒。成功发射了 17 颗风云系列气象卫星，7 颗在轨运行，为全球 100 多个国家和地区、国内 2500 多个用户提供服务，风云二号 H 星成为气象服务“一带一路”的主力卫星。建立了生态、环境、农业、海洋、交通、旅游等专业气象监测网，形成了全球最大的综合气象观测网。

气象信息化水平显著增强。物联网、大数据、人工智能等新技术得到深入应用，形成了“云 + 端”的气象信息技术新架构。建成了高速气象网络、海量气象数据库和国产超级计算机系统，每日新增的气象数据量是新中国成立初期的 100 多万倍。新建设的“天镜”系统实现了全业务、全流程、全要素的综合监控。气象数据率先向国内外全面开放共享，中国气象数据网累计用户突破30万，海外注册用户遍布70多个国家，累计访问量超过5.1亿人次。

气象预报业务能力大幅提升。从手工绘制天气图发展到自主创新数值天气预报，从站点预报发展到精细化智能网格预报，从传统单一天气预报发展到面向多领域的影响预报和风险预警，气象预报预测的准确率、提前量、精细化和智能化水平显著提高。全国暴雨预警准确率达到 88%，强对流预警时间提前至 38 分钟，可提前 3 ～ 4 天对台风路径做出较为准确的预报，达到世界先进水平。2017 年中国气象局成为世界气象中心，标志着我国气象现代化整体水平迈入世界先进行列！

70 年来，我们紧跟国家科技发展步伐和世界气象科技发展趋势，大力加强气象科技创新和人才队伍建设，我国气象科技创新由以跟踪为主转向跟跑并跑并存的新阶段。

建立了较为完善的国家气象科技创新体系。我们不断优化气象科技创新功能布局，形成了气象部门科研机构、各级业务单位和国家科研院所、高等院校、军队等跨行业科研力量构成的气象科技创新体系。强化气象科技与业务服务深度融合，大力发展研究型业务。加快核心关键技术攻关，雷达、卫星、数值预报等技术取得重大突破，有力支撑了气象现代化发展。坚持气象科技创新和体制机制创新“双轮驱动”，形成了更具活力的气象科技管理制度和创新环境。气象科技成果获国家自然科学奖 26 项，获国家科技进步奖 67 项。

科技人才队伍建设取得丰硕成果。我们大力实施人才优先战略，加强科技创新团队建设。全国气象领域两院院士 35 人，气象部门入选“千人计划”“万人计划”等国家人才工程 25 人。气象科学家叶笃正、秦大河、曾庆存先后获得国际气象领域最高奖，叶笃正获国家最高科学技术奖。一系列科技创新成果和一大批科技人才有力支撑了气象现代化建设。

70 年来，我们坚持并完善气象体制机制、不断深化改革开放和管理创新，气象事业从封闭走向开放、从传统走向现代、从部门走向社会、从国内走向全球。

领导管理体制不断巩固完善。坚持并不断完善双重领导、以部门为主的领导管理体制和双重计划财务体制，遵循了气象科学发展的内在规律，实现了气象现代化全国统一规划、统一布局、统一建设、统一管理，形成了中央和地方共同推进气象事业发展、共同建设气象现代化的格局，满足了国家和地方经济社会发展对气象服务的多样化需求。

各项改革不断深化。坚持发展与改革有机结合，协同推进“放管服”改革和气象行政审批制度改革，全面完成国务院防雷减灾体制改革任务，深入推进气象服务体制、业务科技体制、管理体制等改革，初步建立了与国家治理体系和治理能力现代化相适应的业务管理体系和制度体系，为气象事业高质量发展注入强大动力。

开放合作力度不断加大。与近百家单位开展务实合作，形成了省部合作、部门合作、局校合作、局企合作的全方位、宽领域、深层次国内开放合作格局。先后与 160 多个国家和地区开展了气象科技合作交流，深度参与“一带一路”建设，为广大发展中国家提供气象科技援助，100 多位中国专家在世界气象组织、政府间气候变化专门委员会等国际组织中任职，气象全球影响力和话语权显著提升，我国已成为世界气象事业的深度参与者、积极贡献者，为全球应对气候变化和自然灾害防御不断贡献中国智慧和中国方案。

气象法治体系不断健全。建立了《气象法》为龙头，行政法规、部门规章、地方法规组成的气象法律法规制度体系，形成了由国家、地方、行业和团体等各类标准组成的气象标准体系，气象事业进入法治化发展轨道。

70 年来，我们始终坚持党对气象事业的全面领导，以政治建设为统领，全面加强党的建设，在拼搏奉献中践行初心使命，为气象事业高质量发展提供坚强保证。

70 年来，气象事业发展历程中人才辈出、精神璀璨，有夙夜为公、舍我其谁的开创者和领导者，有精益求精、勇攀高峰的科学家，有奋楫争先、勇挑重担的先进模范，有甘于清苦、默默奉献的广大基层职工。一代代气象人以服务国家、服务人民的深厚情怀，谱写了气象事业跨越式发展的壮丽篇章；一代代气象人推动着气象事业的长河奔腾向前，唱响了砥砺奋进的动人赞歌；一代代气象人凝练出“准确、及时、创新、奉献”的气象精神，激发起干事创业的担当魄力！

70 年的发展实践，我们深刻地认识到，**坚持党的全面领导是气象事业的根本保证**。70 年来，在党的领导下，气象事业紧贴国家、时代和人民的要求，实现健康持续发展。我们坚持以习近平新时代中国特色社会主义思想为指导，增强“四个意识”，坚定“四个自信”，做到“两个维护”，把党的领导贯穿和体现到气象事业改革发展各方面各环节，确保气象改革发展和现代化建设始终沿着正确的方向前行。**坚持以人民为中心的发展思想是气象事业的根本宗旨**。70 年来，我们把满足人民生产生活需求作为根本任务，把保护人民生命财产安全放在首位，把老百姓的安危冷暖记在心上，把为人民服务的宗旨落实到积极推进气象服务供给侧结构性改革等各方面工作，促进气象在公共服务领域不断做出新的贡献。**坚持气象现代化建设不动摇是气象事业的兴业之路**。70 年来，我们坚定不移加强和推进气象现代化建设，以现代化引领和推动气象事业发展。我们按照新时代中国特色社会主义事业的战略安排，谋划推进现代化气象强国建设，确保气象现代化同党和国家的发展要求相适应、同气象事业发展目标相契合。**坚持科技创新驱动和人才优先发展是气象事业的根本动力**。70 年来，我们大力实施科技创新战略，着力建设高素质专业化干部人才队伍，集中攻关制约气象事业发展的核心关键技术难题，促进了气象科技实力和业务水平的不断提升。**坚持深化改革扩大开放是气象事业的活力源泉**。70 年来，我们紧跟国家步伐，全面深化气象改革开放，认识不断深化、力度不断加大、领域不断拓展、成效不断显现，推动气象事业在不断深化改革中披荆斩棘、破浪前行。

铭记历史，继往开来。《新中国气象事业 70 周年》系列画册选录了 70 年来全国各级气象部门最具有历史意义的图片，生动全面地记录了气象事业的发展足迹和突出贡献。通过系列画册，面向社会充分展示了气象事业 70 年来的生动实践、显著成就和宝贵经验；展现了气象事业对中国社会经济发展、人民福祉安康提供的强有力保障、支撑；树立了“气象为民”形象，扩大中国气象的认知度、影响力和公信力；同时积累和典藏气象历史、弘扬气象人精神，能够推动气象文化建设，凝聚共识，汇聚推进气象事业改革发展力量。

在新的长征路上，气象工作责任更加重大、使命更加光荣，我们将以习近平新时代中国特色社会主义思想为指导，不忘初心、牢记使命，发扬优良传统，加快科技创新，做到监测精密、预报精准、服务精细，推动气象事业高质量发展，提高气象服务保障能力，发挥气象防灾减灾第一道防线作用，以永不懈怠的精神状态和一往无前的奋斗姿态，为决胜全面建成小康社会、建设社会主义现代化国家做出新的更大贡献！

中国气象局党组书记、局长：刘雅鸣

2019 年 12 月

前言

一张时间表，高度浓缩了广西气象事业发展的脉络。

1934 年广西省政府成立气象所。

1949 年 12 月中国人民解放军接收桂林、柳州、南宁、梧州、百色等 5 个气象台站，移交广西省军区。

1954 年 10 月成立广西省人民政府气象局，逐步扩大气象队伍、增建气象台站、开展天气预报和气象服务。

1958 年 3 月改称广西壮族自治区气象局，加快组建气象服务网，加强为农业服务。

“文化大革命”10 年，广西气象探测工作受到影响，但广西气象工作者坚持日常业务工作，基本保持了气象资料完整连续。

20 世纪 70 年代中后期，天气雷达等探测业务发展较快，先后建成 90 个地面站、6 个高空站和 8 个 711 型天气雷达站，大气探测网初步形成。

20 世纪 80—90 年代，广西气象部门致力于以防灾减灾天气预警系统、气象卫星综合应用业务系统（9210 工程）广西分系统为重点的现代化建设，实施事业结构战略性调整，加快气象业务现代化建设。1995 年初，广西防灾减灾天气预警系统在全国气象部门中率先建成，改变了广西气象业务技术装备落后的局面；1998 年自治区人民政府印发《关于进一步加快发展我区气象事业的通知》，气象事业得到较快发展；1999 年，广西气象卫星综合应用业务系统建成使用。

进入 21 世纪，广西气象事业进一步加快发展。2006 年自治区人民政府印发《关于加快我区气象事业发展的意见》，明确加快广西气象事业发展的总体要求、主要任务和政策措施。2010 年自治区人民政府与中国气象局签署《共同推进广西气象防灾减灾体系建设合作协议》，共建广西气象防灾减灾体系。2013 年全面加快推进气象现代化的各项工作。2014 年，自治区人民政府印发《关于全面推进气象现代化建设的意见》，进一步明确广西气象现代化的目标、任务和措施。2015 年，自治区人民政府召开全区气象现代化建设工作会议，并与中国气象局联合召开部区合作联席会议，部区共同推动广西气象现代化。

2016 年，首届中国—东盟气象合作论坛成功举办，通过了《中国—东盟气象合作南宁倡议》，两年一次的气象论坛正式纳入中国—东盟博览会框架，填补了我国与东盟国家机制性气象区域合作的空白。

2018 年，广西基本实现气象现代化评估通过评审，提前两年完成广西基本实现气象现代化的建设阶段性目标。高质量、高标准建成了广西气象数据中心、气象监测预报中心、国家突发事件预警信息发布中心等一批重点项目。

70 年风雨兼程，70 年春华秋实，一代代气象人用责任与担当，守护着八桂的高天流云、绿水青山。立足新的起点，迈向新征程，广西气象部门将深入学习贯彻习近平总书记对气象工作的重要指示精神，牢记新使命，把握新要求，按照中国气象局和自治区决策部署，不断推进广西气象事业高质量发展，为建设壮美广西、共圆复兴梦想作出更大贡献。

广西壮族自治区气象局党组书记、局长：钟国平

目 录

亲切关怀篇

在中国气象局和自治区党委、政府的关怀指导下，通过历代气象干部职工的共同努力，广西气象工作取得显著成就，预报准确率不断提高，气象现代化建设稳步推进，公众满意度逐步提高。中国气象局领导多次莅临广西指导气象业务发展，自治区党委、政府历任主要领导多次对气象工作作出批示，2015 年、2017 年，中国气象局和自治区人民政府联合召开部区合作联席会议，共同推动了广西气象现代化高质量发展。

中国气象局关心支持

1 | 2
3

1. 1979 年，中越边境自卫反击作战气象保障经验交流会在南宁市召开，中央气象局副局长邹竞蒙参加会议（前排左二）

2. 1986 年 3 月 23 日，国家气象局副局长温克刚（前排右四）等一行到东兴气象站视察工作合影

3.1994 年 7 月 9—14 日，中国气象局副局长马鹤年（右一）带调研组一行 6 人到桂平市气象局调研

2001 年 3 月，原中国气象局局长温克刚（前中）到桂林市气象局调研

2001 年 5 月 8 日，中国气象局副局长颜宏（右三）到贺州市钟山县气象局调研

2001 年 6 月，中国气象局副局长李黄（右一）到广西气象台调研

1/2

1. 2001 年 11 月，中国气象局局长秦大河（左）到钦州市灵山县气象局调研

2. 2001 年 11 月，中国气象局副局长郑国光（中）到广西气象台调研

1
2

1. 2006 年 1 月 5 日，中国气象局局长秦大河（左四）到广西检查指导，并和业务人员亲切交谈

2. 2006 年 7 月 29—31 日，中国气象局副局长宇如聪（左三）到广西检查指导汛期气象服务、业务技术改革、全国科技大会和国务院 3 号文件精神贯彻落实工作

▲ 2008 年 1 月 17—18 日，中国气象局副局长许小峰（前排右二）一行到百色市调研指导工作，了解气象观测及台站建设情况

▲ 2010 年 10 月 23 日，中央纪委驻中国气象局纪检组组长刘实（前排左二）参观广西气象影视中心的廉政文化作品展

▲ 2011 年 12 月 15 日，中国气象局副局长矫梅燕（左三）在桂林市阳朔县调研农业气象服务工作情况

▲ 2015 年 8 月 28 日，中国气象局局长郑国光应邀在广西领导干部 “时代前沿知识”系列讲座第 101 讲中，作题为《高度重视气候安全 大力推进生态文明建设》的报告

▲ 2016 年 1 月 23—25 日，中国气象局副局长于新文（前排右二）到广西检查指导工作，并深入基层看望慰问气象干部职工

▲ 2018 年 2 月 7 日，中国气象局副局长沈晓农（左三）到广西慰问指导工作，针对气象观测、气象仪器标定合作、智能网格预报等方面提出具体指导意见

2018 年 9 月 11 日，中国气象局局长刘雅鸣、广西壮族自治区副主席方春明到自治区气象局调研指导气象工作，强调要深入贯彻落实习近平总书记关于广西工作的重要讲话和指示精神，提高政治站位，主动融入地方工作整体部署，坚定不移推进具有广西特色的气象现代化，依托中国一东盟气象合作论坛借势发展，不断提升气象服务和保障广西经济社会发展的能力和水平。

▲ 刘雅鸣（前排中）、方春明（前排右一）在中国气象局东盟大气探测合作研究中心检查指导

▲ 刘雅鸣（前排左二）方春明（前排左三）了解广西气象信息化建设工作

▲ 2019 年 11 月 8 日，中国气象局副局长余勇（右四）到河池市都安瑶族自治县气象局调研，深入了解基层气象服务现况和基层气象部门“不忘初心、牢记使命”主题教育开展情况

地方政府关怀指导

▲ 1992 年 4 月 15 日，自治区副主席龙川（中）会见中国气象局副局长骆继宾（左一）

▲ 1992 年，自治区副主席李振潜（中）到广西气象台视察气象现代化建设工作

▲ 1993 年，自治区副主席龙川（左三）到广西气象台视察工作

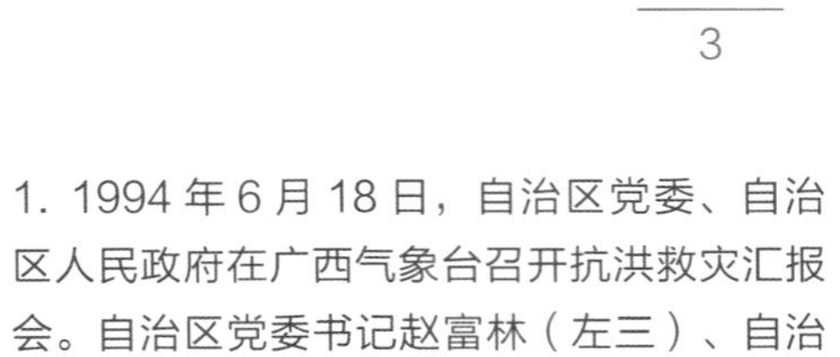

1
2
3

1. 1994 年 6 月 18 日，自治区党委、自治区人民政府在广西气象台召开抗洪救灾汇报会。自治区党委书记赵富林（左三）、自治区党委副书记刘明祖（左一）、广西军区司令员文国庆（右一）等出席会议

2. 1995 年 2 月 15 日，自治区政协主席陈辉光（前排右三）等到广西气象台考察气象现代化建设情况

3. 1997 年 3 月，自治区副主席奉恒高（左一）到广西气象台调研指导

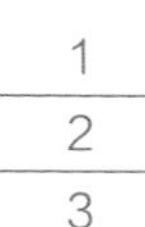

1
2
3

1. 1999 年 12 月 29 日，自治区人大常委会副主任洪普洲（左二）参观自治区气象局办公自动化系统

2. 2000 年 10 月 30 日，自治区副主席张文学（右二）陪同中国气象局副局长刘英金（右三）到广西气象台调研

3. 2000 年 11 月 9 日，自治区党委副书记杨基常（站立者左三）到广西气象台天气会商室调研

▲ 2001 年 12 月 29 日，自治区人大常委会主任赵富林（右二）到广西气象台了解霜冻情况

▲ 2003 年 8 月 6 日，自治区党委副书记马铁山（前排右三）到自治区气象局调研

▲ 2005 年 5 月 14 日，全国科技活动周开幕式后，自治区党委副书记李纪恒（前中）检查自治区气象局宣传活动点

▲ 2008 年 5 月 19 日，自治区副主席陈章良（左三）到自治区气象局检查指导工作，对气象防灾减灾工作进行了部署安排

▲ 2010 年 4 月 3 日，自治区党委书记郭声琨（前排左一）到人工影响天气作业点慰问一线增雨作业人员

▲ 2011年1月11日，自治区主席马飚（前排左三）、副主席陈章良（前排左四）、杨道喜（前排左二）到自治区气象局检查指导雨雪冰冻天气预报服务工作情况

▲ 2011 年 6 月 23 日，自治区党委副书记陈际瓦（中）到北海市合浦县气象局检查指导防御热带风暴“海马”气象服务工作，要求气象部门全力做好各项防御工作

▲ 2011 年 11 月 22 日，原中国气象局局长温克刚（前排左三）、自治区党委组织部部长周新建（前排右二）到自治区气象局调研

▲ 2011 年 11 月 30 日，自治区党委副书记危朝安（前排右三）到自治区气象局调研指导工作

▲ 2014 年 5 月 19 日，自治区党委书记、自治区人大常委会主任彭清华（前排左二），自治区党委副书记危朝安（前排左一），自治区副主席唐仁健（后排左二），自治区党委常委范晓莉（后排左一）到自治区气象局调研指导工作，了解汛期天气趋势和气象保障服务工作开展情况

2013 年 7 月 24 日，自治区副主席黄日波（左一）到 自治区气象局指导汛期气象服务工作，充分肯定气象部门历次过程的气象保障服务工作

2014 年 5 月 29 日，自治区副主席唐仁健（左二）带领自治区发改委、自治区财政厅等有关部门负责同志到广西人工影响天气基地调研指导，充分肯定了广西人工影响天气工作取得的成绩

▲ 2016 年 9 月 12 日，第 13 届中国—东盟博览会气象装备和服务展在南宁举行，自治区副主席黄世勇出席开幕式并致词

▲ 2016 年 9 月 13 日，自治区主席陈武（中），自治区副主席张晓钦（左一）参观指导中国—东盟气象装备和服务展

▲ 2017 年 2 月 6 日，自治区副主席张秀隆（右二）到自治区气象局慰问气象干部职工，调研指导气象现代化业务服务工作

▲ 2017年2月6日，自治区党委副书记侯建国（左一）到崇左市扶绥县“甜蜜之光”基地调研考察，了解智慧直通式气象服务的主要用户、观测技术、服务内容、服务方式与效益等内容

▲ 2018 年 2 月 6 日，自治区副主席黄伟京（左二）慰问气象局离休干部，了解生活情况并送去慰问金

▲ 2018 年 6 月 25 日，自治区党委副书记孙大伟（前排左二）到自治区气象局调研指导汛期气象服务工作

2019 年 5 月 31 日，自治区副主席严植婵（前排右二）到崇左市天等县气象局调研指导工作，强调要做好防大汛、抗大灾的思想准备，充分发挥防灾减灾第一道防线作用，确保人民群众生命财产安全

2019 年 6 月 14 日，自治区副主席方春明（左三）到自治区气象局检查指导汛期气象服务工作，看望慰问气象干部职工

2019 年 6 月 19 日，自治区常务副主席秦如培（左二）到自治区气象局检查指导，要求气象部门充分利用现代化的监测预报预警技术和方法，为防汛抗洪救灾工作提供精准服务

气象服务篇

近年来，广西台风、暴雨、干旱、低温冷害、强对流天气等灾害呈多发频发之势，广西气象部门深入落实中国气象局和自治区政府的部署要求，在全区各级气象部门建立了政府主导、部门联动、社会参与的气象防灾减灾机制，秉承“准确、及时、创新、奉献”的气象精神，严密监测、科学分析、及时预警、主动服务，公众、行业、决策气象服务水平逐步提高，生态文明、乡村振兴气象保障服务成效显著，为建设“壮美广西”筑起防灾减灾救灾的第一道防线。

决策气象服务

广西壮族自治区气象局决策气象服务业务主要为自治区党委、政府提供气象决策服务保障，服务产品有：重大气象信息专报、气象服务信息、天气快报、专题气象服务等。

▲ 20 世纪 50 年代，南宁市武鸣县气候站油印服务材料

重大气象信息专报

（2019）第 007 期

广西壮族自治区气象局　签发人：钟国平

7 号台风"韦帕"已生成
未来几天将影响我区

领导批示：

专题气象服务

广西壮族自治区气象局决策服务中心　签发人：黄永新

台风"韦帕"动态和未来两天天气预报

一、台风"韦帕"动态及降雨实况

1、"韦帕"动态

台风"韦帕"（热带风暴级）的中心今天凌晨 1 点 50 分前后在海南省文昌市沿海登陆，今天上午 11 点其中心位于距离广东省雷州市东南方向约 100 公里的海面上，就是北纬 20.3 度、东经 110.8，中心附近最大风力有 9 级（23 米/秒），中心最低气压为 985 百帕。

预计，"韦帕"将以每小时 10 公里左右的速度西北方向移动，于今天中午前后在广东雷州半岛再次登陆（热带风暴级，8～9 级，20～23 米/秒），之后移入北部湾，2 日下午……

气象服务信息

（2019）第 28 期

2019/2020 榨季巴西蔗糖产量小幅增加、澳大利亚蔗糖产量略减

甘蔗气象服务

关于沐甜科技广西区域暨南宁客服中心乔迁新址

2018/2019年度秋冬气象条件对蔗糖份的影响分析

◀ 2003 年 8 月 8 日，自治区气象局、自治区国土资源厅联合召开新闻发布会，宣布从 8 月 10 日起，广西地质灾害预报预警业务系统正式投入业务运行

◀ 2007 年 8 月 2 日，自治区气象局召开了全区气象部门视频会议，对全区汛期气象服务进行再动员、再部署

◀ 2017 年 8 月 16 日，广西防汛办召开防汛工作会议，自治区党委书记彭清华（前排右三）作重要讲话，自治区副主席张秀隆（前排右四）主持会议并对落实会议精神提出具体要求

广西在国内首次以党内法规形式规范党政“一把手”对重大气象信息处置工作，气象防灾减灾成效明显。2014 年，《广西壮族自治区关于重大气象信息和重要汛情旱情报告各级党政主要负责人的规定（试行）》印发实施，要求重大气象信息必须直报党政“一把手”。

中共广西壮族自治区委员会
办 公 厅 文 件

桂办发〔2014〕2 号

自治区党委办公厅　自治区人民政府办公厅 印发《广西壮族自治区关于重大气象信息和重要汛情旱情报告各级党政主要负责人的规定（试行）》的通知

各市、县党委和人民政府，自治区党委和自治区级国家机关各部委办厅局，各人民团体，各高等学校：

《广西壮族自治区关于重大气象信息和重要汛情旱情报告各级党政主要负责人的规定（试行）》已经自治区党委、自治区人民政府同意，现印发给你们，请认真贯彻执行。

中共广西壮族自治区委员会办公厅
广西壮族自治区人民政府办公厅
2014 年 2 月 9 日

（此件公开发布）

中国气象报
China Meteorological News

重大气象信息报告有了“硬杠杠”
——广西规范重大气象信息处置工作纪实

许小峰赴宁夏基层慰问调研

风云四号卫星进入正样研制阶段

用战略眼光认知气候安全问题

气象现代化纳入北京折子工程

▲ 2015 年 1 月 30 日，《中国气象报》头版头条刊登《重大气象信息报告有了“硬杠杠”》通讯报道，解读广西规范重大气象信息处置工作纪实

2013 年 8 月 14 日，贺州市委书记赵德明（前排左六）、副市长刘国学（前排左七）到贺州市气象局指导 2013 年第 11 号台风“尤特”防御工作

2015 年 5 月 14 日，贵港市委王可书记（右一）到贵港市气象局部署防汛备汛工作

2016 年 10 月 18 日，防城港市副市长王琛（右二）到防城港市气象局检查指导防御台风“莎莉嘉”气象服务工作

2018 年 8 月 2 日，南宁市市长周红波（前排中）到市气象局调研防汛工作

2018 年 8 月 15 日，北海市副市长刘翔（前排右二）一行到北海市气象局检查指导“贝碧嘉”台风防御工作

2018 年 9 月 16 日，玉林市委书记黄海昆（前排左二）到玉林市气象局调研，关注台风“山竹”路径

2018 年 9 月 16 日，来宾市委书记农生文（前排左三）研究部署防御台风“山竹”工作

2019 年 5 月 28 日，崇左市委副书记、统战部部长雷多荣（后排右一）到崇左市天等县气象局检查指导防汛救灾工作

2019 年 6 月 21 日，百色市委常委、常务副市长石国怀（前排左四）和副市长罗试坚（前排右三）到百色市气象局检查指导防汛气象服务工作

▲ 2019 年 8 月 2 日，钦州市副市长李岩磊（左二）到钦州市气象局检查指导台风“韦帕”防御工作

▲ 2020 年 4 月 15 日，在新一轮较强降雨和强对流天气来临前，柳州市市长吴炜（前排左三）、常务副市长刘可（前排左四）率应急管理局、水利局、水文中心主要领导到梧州市气象局指导检查防汛备汛气象服务工作

2020 年 6 月 7 日，桂林市委常委、统战部部长王建毅（中）赴桂林市气象局指导防汛气象服务工作

2020 年 6 月 8 日，河池市市长唐云舒（前排左三）到河池市气象局检查指导汛期气象服务工作

2020 年 7 月 7 日，梧州市副市长何世恰（左五）到梧州市气象局调研气象服务工作

公众气象服务

广西气象部门秉承 “以人为本，无微不至，无所不在”的服务宗旨，主动适应经济发展新常态，及时地为社会各界各部门在指挥生产、组织防灾减灾等方面的科学决策提供气象信息，利用手机短信、电视、广播、报纸、微信、微博、电子显示屏等渠道广泛发布气象信息，经受住了一次又一次重大灾害性天气过程的考验。

分担风雨，分享阳光。1993 年成立的广西气象台影视中心，是气象部门最重要的对外服务窗口。经过 20 多年的发展，广西气象影视制作技术不断提高，节目内容不断丰富，涵盖气象与农业、气象与旅游、气象与健康、气象与出行等。

1 2
3 4
5

1. 1995 年，广西气象台建成影视制作录制机房，开始制作有主持人气象节目

2. 1995 年 5 月 31 日，广西首播有主持人气象节目，广西第一代气象节目主持人裴毅亮相荧屏

3. 1998 年，气象影视搬迁至气象大厦 20 楼，新机房录制系统是模拟制式的字幕机和 Beatcam 磁带机

4. 2000 年，气象影视中心扩大节目规模，录制系统增添了非线性影视编辑系统，进入了数字制作时代

5. 2009 年，在气象业务综合楼 7 楼建成数字化节目制作系统

▲ 2018 年，广西气象影视全数字化全媒体演播室建成，各套节目全面改版升级

1	2	3
4	5	6

1. 广西卫视《天气预报》
2. 广西都市频道《点子圈天气》
3. 广西新闻频道《风云快报》
4. 广西影视频道《看天气》
5. 广西综艺旅游频道《畅游天气》
6. 连线直播节目

广西气象部门除了通过传统的气象影视节目播报天气信息外，还通过短信、大喇叭、显示屏、网络、手机客户端等多种渠道向社会传播。

▲ 桂林市街道上的气象仪器

▲ 崇左市龙州县气象综合服务显示屏建成投入使用

▲ 南宁市马山县小都百气象自动站及大喇叭显示屏

▲ 南宁市步行街的气象电子显示屏

▲ 气象服务显示大屏

▲ 气象预警大喇叭

▲ 广西壮族自治区气象局官方网站

▲ 农气通 APP

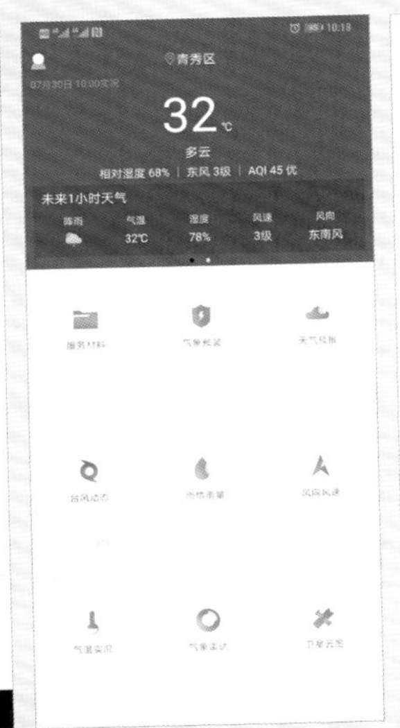

▲ 广西气象决策 APP

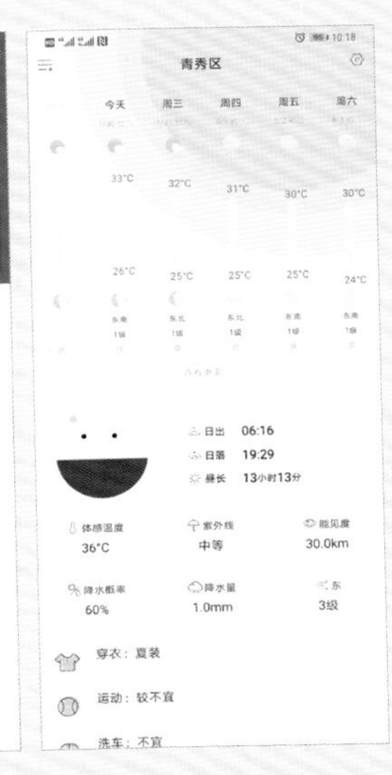

▲ 晓天气 APP

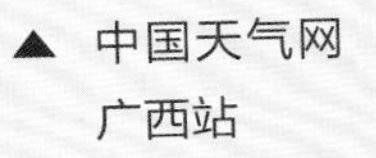

▲ 中国天气网广西站

▲ 新浪微博广西气象官方账号

▲ 广西天气微信公众号

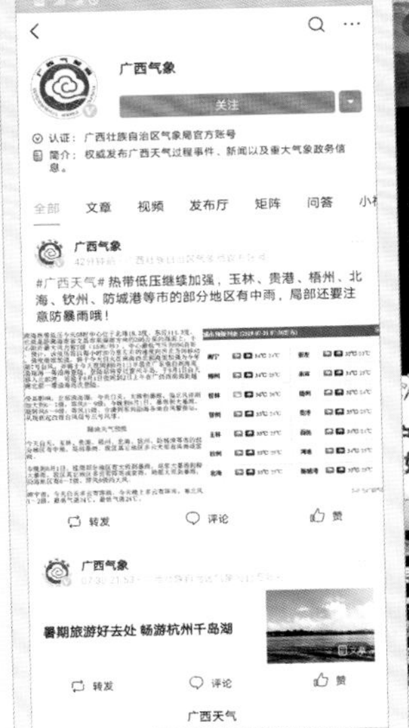

▲ 今日头条广西气象官方账号

▲ 抖音广西气象官方账号

面对自然灾害，气象部门主动发声，强化联动，通过媒体及时向社会公众发布最新气象信息，解读政策，筑起气象防灾减灾第一道防线。

1	2
3	4

1. 2002 年 8 月 21 日，自治区气象局召开广西兴农网开通新闻发布会

2. 2005 年 11 月 8 日，自治区气象局召开汛期广西天气气候概况新闻发布会

3. 2008 年 1 月 27 日，自治区气象局召开广西低温冷冻灾害天气新闻发布会

4. 2008 年 7 月 11 日，中国气象频道正式落地广西签约仪式暨新闻发布会在广西气象大厦隆重举行，北京华风气象影视信息集团有限责任公司总监宋英杰（左四）、广西广播电视信息网络股份有限公司总经理李德刚（右四）与自治区气象局局长韦力行（左五）、副局长钟国平（右三）以及相关部门领导合影

2008 年 12 月 8 日，自治区气象局局长韦力行（右）与新华社广西分社社长龙松林（左）进行座谈，双方就进一步加强广西气象宣传工作达成共识

2008 年 12 月 23—25 日，全国气象部门第三期新闻业务人员培训班在广西南宁举行

2012 年 2 月 17 日，广西电视台驻广西气象局记者站举行揭牌仪式

2014 年 7 月 18 日，台风“威马逊”袭击广西期间，广西当地新闻媒体记者现场采访广西气象台首席专家

2014 年 9 月 15 日，自治区气象局正在备战中国—东盟博览会气象保障服务，多家新闻媒体采访气象专家

2016 年 3 月 25—31 日，“绿镜头 · 发现中国”走进广西系列采访活动启动，《光明日报》《经济日报》《中国气象报》等媒体深入南宁、来宾、桂林等地采访报道

2017 年 10 月 17 日，自治区气象局召开“2017 年环广西公路自行车赛气象服务”新闻发布会，向媒体和公众发布本次赛事的最新天气形势和介绍气象服务产品

2017 年 11 月 6—10 日，自治区气象局联合《广西日报》《中国气象报》广西记者站深入南宁市、桂林市等地，围绕气象现代化建设工作进行采访和宣传报道

2018 年 11 月 12—16 日，自治区气象局组织开展庆祝改革开放 40 周年及自治区成立 60 周年专题采访活动，邀请《工人日报》《农民日报》《中国气象报》等媒体记者走进南宁等地，全面展示广西气象事业发展的辉煌历程和取得的巨大成就

2019年1月25日，自治区气象局召开“2018广西十大天气气候事件”新闻发布会，揭晓公众投票评选结果

2019年3月12日，自治区气象局副局长钟国平（左二），广西气象台总工程师林开平（左四），自治区气象局应急与减灾处副处长孙莹（左三）参加广西电视台《讲政策》栏目录制

2019年4月2日，自治区政府新闻办公室在广西新闻中心举行“壮族三月三”和清明节假期气象和道路交通情况新闻发布会，邀请自治区气象局和自治区公安厅分别介绍相关工作情况并回答记者提问

2019年7月3—4日，中国气象局宣传科普中心邀请新华社、《中国科学报》《中国气象报》等媒体记者到广西开展汛期气象服务专题采访

近年来，广西壮族自治区气象局圆满完成自治区成立 60 周年大庆、中国—东盟博览会与中国—东盟商务与投资峰会、“环广西”世界自行车赛等重大活动气象保障。

广西成立 60 周年大庆会场

中国—东盟博览会

环广西公路自行车世界巡回赛

要情摘报

领导批示

感谢信

感谢信

领导批示和感谢信

广西日报

习近平出席二十国集团领导人第十次峰会并发表重要讲话

提倡创新增长路径 共享发展成果

习近平分别会见外国领导人

中央高层次专家团来桂开展咨询服务

全国首个综合金融服务品牌 "金融夜市"开业

气象春风拂田野

——我区开展直通式气象为农服务

密织"天网"护平安

稳中有进写华章

——广西"十二五"经济发展综述

▲ 2015 年 11 月 17 日，《广西日报》推出气象为农系列报道

10 乡土八桂·新农村

我区产业扶贫呈"六有"态势

"今天的预报真神！"

——自治区成立六十周年庆祝大会气象保障服务纪实

产业扶贫 振兴乡村

乐给乡亲当"试验田"

鹿寨农商金融力挺柑桔产业

容县农村住房大变样

▲ 2018 年 12 月 26 日，《广西日报》刊发自治区成立 60 周年气象保障服务宣传报道

中国–东盟气象合作论坛：区域气象灾害监测与共同防御

广西日报

论坛取得了显著成效

气象报

中国–东盟气象合作论坛：区域气象灾害监测与共同防御

▲ 2016 年，首届中国—东盟气象合作论坛在南宁召开，《中国气象报》《广西日报》刊发专版宣传报道论坛盛况

拔起贫穷根 敲开致富门

气象助力厢白四村发展

致小鸟

▲ 2020 年 3 月 15 日，《中国气象报》四版头条刊发广西气象部门扶贫工作成效宣传报道

中国气象报

凌晨预警 为591人搭建生命通道

——广西抗击强降雨天气一线见闻

中国方案成为示范

强化联防保障 开展精细服务

携手开发旅游气象资源

共建地质灾害防治合作机制

进一步加强农业气象防灾减灾工作

▲ 2020 年 6 月 12 日，《中国气象报》一版头条刊发广西强降雨气象保障服务典型案例宣传报道《凌晨预警 为 591 人搭建生命通道——广西抗击强降雨天气一线见闻》

见证秃山变青山

——广西石漠化治理背后的气象贡献

上半年台风活动偏少

科技视野

国家气象大数据青海分中心建设稳步推进

湖北开展水体覆盖变化监测评估

港航气象纳入宁波打造交通枢纽专项任务

青岛气象部门安装"天脸系统"

马鞍山推进"标准地"气候可行性论证

▲ 2020 年 7 月 13 日，《中国气象报》三版头条刊发广西气象部门石漠化治理通讯报道

有效缓解60余万亩甘蔗旱情

交通部门及运输车辆预报预警信息直达

推动北方生态安全屏障建设

加强人工影响天气工作

打造防灾新模式 开启扶贫"金钥匙"

▲ 2020 年 8 月 31 日，《中国气象报》二版刊发人工影响天气作业气象服务报道

17:19

× 广西气象服务走向精细化

人民日报 有品质的新闻 打开

广西气象服务走向精细化

人民日报客户端广西频道 李纵 黄鑫娜 2020-10-14 17:39 浏览量7071

今年以来，广西壮族自治区气象局立足于"早"、着力于"准"、致力于"快"、聚力于"精"，创新建立了精细化气象预警信息服务细则和"3小时"服务流程，使气象预报预警成为防汛抢险救灾的精准"指挥棒"，有效减少了人员伤亡。与2019年同期相比，今年广西暴雨灾害影响强度相当，但因灾死亡失踪人数下降了82.6%。

广西气象局深化"三融入"，推动建立健全气象预警预报为先导的防汛工作机制。

一是融入防汛指挥体系，推动自治区党委政府出台《重大气象信息报告各级党政主要负责人的规定》，实现决策气象服务信息分钟级到达"一把手"桌面。推动自治区防汛抗旱指挥部建立《防汛电话红色调度制度》，明确自治区防汛办收到暴雨红色预警信号时，值班人员第一时间通过电话调度预警区域的市、县防汛指挥长，压实防汛救灾责任。

二是融入应急行动体系，推动自治区印发《防汛抢险救灾"一线工作法"》，明确各级各部门要依据气象预报预警信息，做好隐患排查、分析研判调度、部署抢险救灾等工作。推动市县出台《重点防汛部门气象灾害预警响应工作规则》，明确汛期间基层各重点防汛部门气象灾害预警信息接收与处置、反馈等响应工作要求。

三是融入绩效考评体系，推动自治区将气象预报预警信息处置纳入地方政府绩效考评，明确各地收到气象灾害预报预警信息后要有具体响应行动，如及时报告党政主要领导、高位研判调度、启动应急响应、派出工作组深入一线指导等。

广西气象局整合广西智能网格预报系统和短时临近预报预警系统，组织制定了"3小时"精细化气象预警服务标准和工作流程，明确市县暴雨预警信号要做到未来3小时定量降雨预报到乡、逐3小时更新；对致灾暴雨过程，还要启动逐小时精细化滚动预报服务，使短临预警成为防汛抢险救灾的精准"指挥棒"。今年入汛以来，自治区防汛抗旱指挥部共启动暴雨红色预警调度500余次，各地各相关部门根据暴雨预警预报信息，精准组织人员转移避险，紧急转移安置25万人，极大保障了人民生命财产安全。

责任编辑：李纵

点赞

▲ 2020 年 10 月 14 日，人民日报客户端刊发《广西气象服务走向精细化》宣传报道。

行业气象服务

广西壮族自治区气象局根据行业需求，为各行业用户制作更加精细化、更具专业性、更有针对性的气象预报。服务行业用户涉及电力生产、铁路运输、公路运输、地质灾害、空气质量、林业、农业、保险、工程建设、商业等多种与天气条件密切相关的行业。

▲ 广西行业气象服务集约化系统

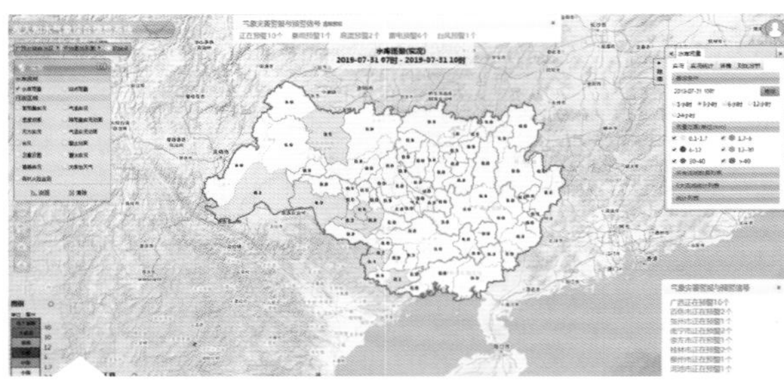

▲ 观天知水——广西电力气象综合信息系统

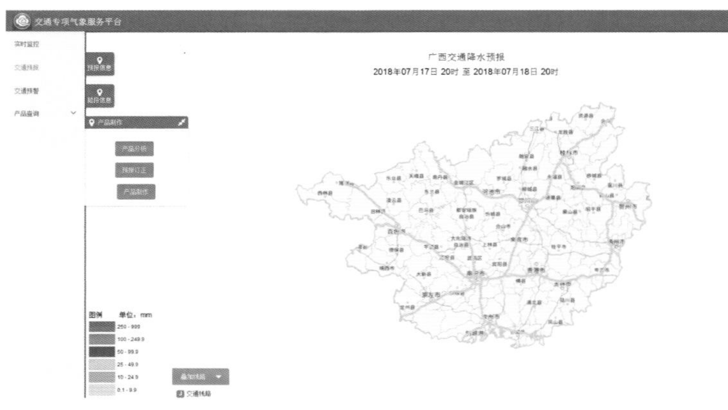

▲ 高速公路预报制作平台

▲ 森林火险气象服务

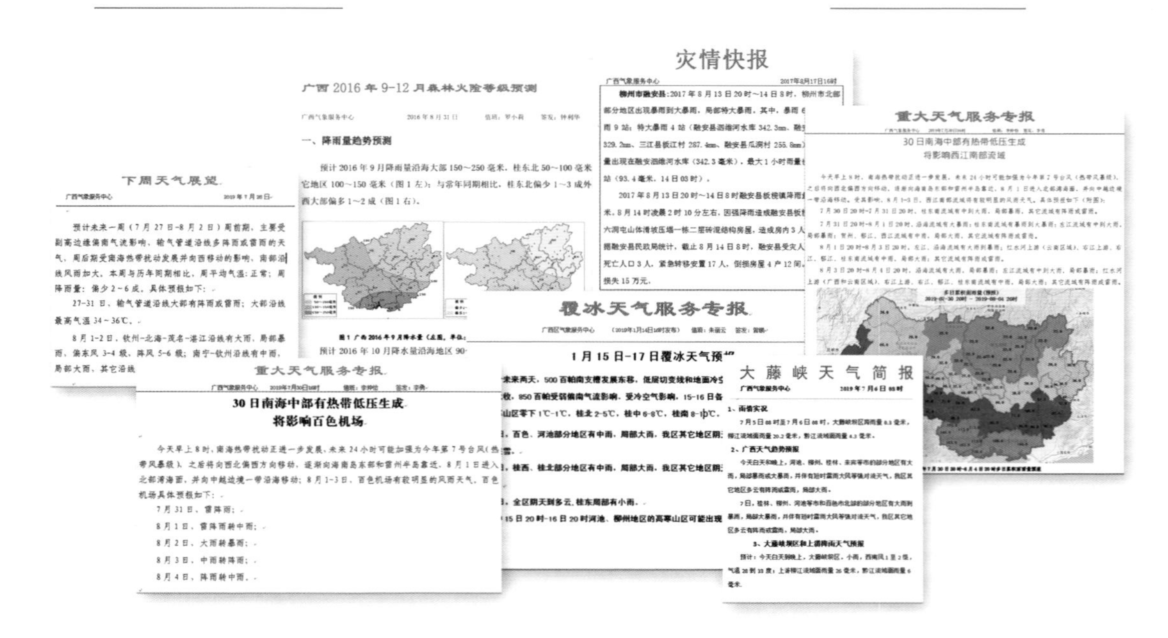

下周天气展望

广西 2016 年 9-12 月森林火险等级预测

一、降雨量趋势预测

灾情快报

重大天气服务专报

30 日南海中部有热带低压生成
将影响西江南部流域

覆冰天气服务专报

1 月 15 日-17 日覆冰天气预报

重大天气服务专报

30 日南海中部有热带低压生成
将影响百色机场

大藤峡天气简报

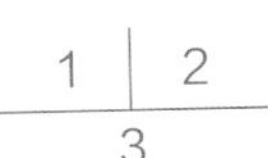

1. 2018 年 8 月，自治区气象局赴中广核集团参加柳江流域下半年综合气象水情会商

2. 2019 年 3 月，自治区气象局与国家电投南宁生产运营中心座谈交流

3. 2020 年 3 月 16 日，中国石化广西石油分公司到自治区气象局参观调研，双方就深化部门合作达成共识

气象助力乡村振兴及生态文明建设

近年来，广西气象部门充分发挥“气象防灾减灾＋扶贫”“产业气象服务＋扶贫”“气候资源利用＋扶贫”模式，全面提升贫困地区气象服务能力。

1. 2016 年 3 月 16 日，自治区气象局局长刘家清（左三）率队到防城港市上思县开展扶贫调研，了解合作社情况

2 2017 年，防城港市上思县在妙镇有生村凤梨种植地

3. 2017 年，自治区气象局驻村第一书记彭宇（右）在田里了解凤梨种植情况

4. 2017 年，防城港市上思县在妙镇有生村莲雾种植园初果结成

5. 2017 年，自治区气象局驻村第一书记康强（左）向果农了解红香橙种植情况

6. 自治区气象局开展党员扶贫“一对一”帮扶活动

1	2
3	4
5	6

同时，积极开展粮食安全、甘蔗等特色农业气象服务，大力推进生态文明气象保障服务，擦亮广西山清水秀生态美的金字招牌。

气象工作人员深入田间地头开展晚稻遭受寒露风冷害调研及气象为农服务

2015 年，自治区气象局在防城港市上思县完成“风云三号 02 批气象卫星地面应用系统工程数据接收系统省级接收站”建设，为开展天气气候预测预报、生态环境监测、农业遥感等提供高时效的风云卫星遥感数据服务

2017 年，自治区气象局开展广西特色农业直通式服务，实现自治区一市一县灵活配置本地的智慧农业气象服务功能，实现不同用户“点对点”的个性化服务需求

2017 年，自治区气象局在马山弄拉典型喀斯特山区建设首套石漠化生态气象观测试验站，为研究石漠化生态环境监测、气候影响评价、生态安全预警评估指标体系构建奠定基础，为卫星遥感植被状况真实性检验提供依据。

▲ 马山弄拉石漠化生态气象观测试验站

在农业农村部、中国气象局和广西壮族自治区人民政府的关怀支持下，广西壮族自治区气象局联合云南、广东、海南气象局相关部门组建“甘蔗气象服务中心”，以服务国家食糖安全和“一带一路”倡议为目标，建立甘蔗气象服务新体系，推动甘蔗气象服务集约化、专业化、国际化发展。

2018 年，广西壮族自治区气象局建成中国第一个甘蔗智慧气象研究试验区，按照甘蔗“双高”示范基地标准化建设，以“节本增效”，促进中国蔗糖产业可持续发展。

▲ 2018 年 10 月，甘蔗气象服务中心成立

▲ 甘蔗农业气象自动观测站

▲ 土壤水分观测站

2018 年，广西壮族自治区气象局建设广西北海红树林生态气象试验站，与广西红树林研究中心联合成立了“广西红树林生态气象综合观测试验基地”，自动获取红树林湿地环境的大气、植被、水质、潮位、碳和水汽通量等生态参数数据。

广西壮族自治区气象局积极开展生态宜居乡村建设气象保障服务示范建设，为月柿等特色农产品以及生态文化旅游等提供精细智慧化服务，并积极开展气候宜居、气候品质和气候生态国家气候标志审评，推进气象科技与生态宜居服务保障深度融合。

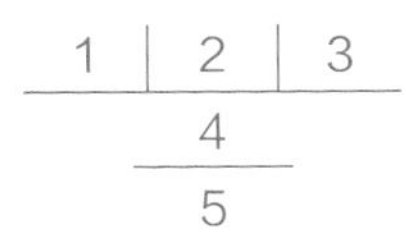

1. 桂林市恭城瑶族自治县月柿种植核心区农业小气候观测站

2. 南宁市武鸣沃柑基地的农气自动观测站

3. 荔浦市修仁镇砂糖橘（核心）示范区气象科技示范园

4. 2018 年 10 月 27 日，中国首个气候宜居县国家气候标志授牌仪式在桂林市恭城县莲花镇红岩村举行

5. 2019 年，自治区气象局打造气候好产品品牌，评定广西农垦“十万大山”牌芒果为气候好产品优质等级，并颁发证书

人工影响天气

由于处在东亚季风气候区，暴雨、洪涝、干旱等多种气象灾害呈频发多发之势，广西气象部门秉承“准确、及时、创新、奉献”的气象精神，严密监测、科学分析、及时预警、主动服务，筑起气象防灾减灾第一道防线，有力保障了经济社会发展和人民生命财产安全。

20 世纪 70 年代广西气象工作者制作人工降雨土火箭的现场

20 世纪 70 年代广西自制人工降雨土火箭野外发射

2002 年用于人工影响天气作业的飞机，机组人员在南宁吴圩做飞行作业准备

气象部门抓住有利时机，积极开展人工增雨作业，确保春耕春种顺利开展

2005 年 1 月 14 日，自治区人民政府在南宁召开全区人工影响天气工作会议，各地级市分管农业工作的副市长和 48 个农业结构调整重点县（市、区）分管农业工作的领导参加会议

SITC
SITC
SITC
RCL
CK LINE
CK LINE
SITC
SITC
MAERSK
MAERSK
MAERSK
SEALAND
UASC
UASC
中谷海运
中谷海运
RCL
CMA CGM
HMM
HYUNDAI
中谷海运

气象业务篇

70 年的风云激荡，广西气象部门观云测天，追风识雨，从传统的经验预报到目前的数值预报，从人工观测到如今的无人值守自动化观测，气象现代化发展不断迈上新台阶。围绕“监测精密、预报精准、服务精细”的要求，自治区气象局加快推进广西特色的气象现代化建设，高质量建成广西气象数据中心、气象监测预报中心、国家突发事件预警信息发布中心等一批重点项目。

综合气象观测

广西新一代天气雷达观测网基本形成，全区已建成 10 部新一代天气雷达，2 部数字化雷达和 2 部风廓线雷达。自动气象站覆盖至每个乡镇。建立了由 2500 多个自动气象站组成的气象灾害自动观测网，建成一批公路交通、船舶、土壤水分等专业自动气象站，建成全区首个海洋气象浮标观测站，在全区各市县建设并推广使用“两系统一平台”（广西天气预报服务集约化系统、广西气象为农智能直通式服务系统、广西县级综合气象服务平台）。

1	2
3	4

1. 1955 年，测报人员在用手摇发电机发报

2. 20 世纪 60 年代，南宁市武鸣县气象观测员在维护仪器

3. 20 世纪 60 年代，百色市靖西县气象员进行农业气象观测

4. 20 世纪 60 年代，百色市靖西县安德公社气象哨进行集体观测

1. 抄报工作照

2. 气象员在观测

3. 20 世纪 90 年代，气象工作者冒着烈日采集气象观测数据

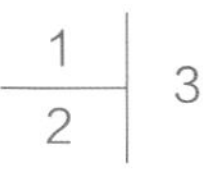

1	2	5	6
3	4	7	9
		8	

1. 2004 年底，广西累计建成自动气象站 55 个

2. 2006 年，广西气象技术装备中心自主研发的 DSD14 型自动雨量站获得中国气象局颁发的气象装备使用许可证，此后在广西各乡镇布点建设近 900 个站点

3. 2008 年 11 月 25 日，自治区气象局在南宁举办全区高空气象测报业务技能比赛

4. 2010 年 9 月 28—30 日，由自治区气象局、 自治区人力资源和社会保障厅、自治区总工会联合举办的全区气象行业综合气象观测业务技能竞赛在南宁举行

5. 2015 年 5 月 22 日，广西首个海洋气象大浮标布放投入业务使用

6. 2016 年，崇左市宁明县左江花山田园农田小气候站建成投入使用

7. 2016 年 6 月 20 日，来宾市安装广西第一台降水类天气现象仪

8. 2018 年 4 月，柳州市融安县雅瑶乡福田村狮子岭的人工影响天气焰条播撒系统建成并投入使用

9. 2019 年，在钦州湾“连盛湖”舶船上建成钦州市第一个船舶自动气象站

SDIC

▲ L 波段高空气象探测雷达

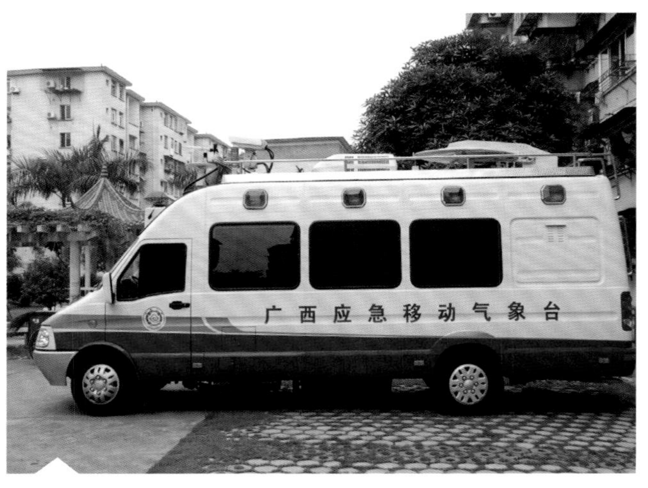

▲ 广西应急移动气象台

▲ 防城港海洋气象综合探测基地

▲ 广西县级探测系统交付使用

▲ 天气雷达站（风云四号卫星接收站和雷达塔）

▲ 广西应急气象雷达车

新一代负氧离子观测站

人工影响天气标准化作业站

自动气象站

气象综合观测场

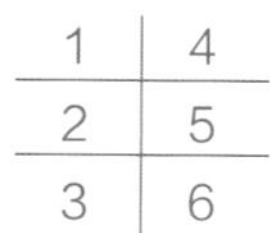

1. 业务人员维护交通气象站

2. 业务人员维护水库自动气象站

3. 屯里油库防雷检测

4. 气象信息与技术保障中心人员正在安装气象大喇叭

5. 2015 年 12 月 23 日，广西防雷中心工作人员安装雷电流峰值记录仪

6. 广西防雷中心业务人员在南宁地铁一号线机房进行防雷检测

气象预报预测

1959 年，自治区气象局局长赵月年在百色市靖西县水文气象工作会议上讲话

气象工作者手工画天气图

预报员进行天气预报预测

1992年10月20—24日，全国第二次高空气象测报技术比赛在南宁举行。国家气象局副局长骆继宾（中）、自治区副主席龙川（左）、自治区人大常委会副主任黄保尧（右）出席比赛闭幕式

1994年3月，自治区气象局局长李明经（中），副局长何海澄（左）、林少雄（右）在研究广西防灾减灾天气预警系统建设方案

1998年3月18日，全区汛期天气趋势预报研讨会在防城港市召开，作出了当年洪涝偏重的趋势预报

2000 年 3 月 8 日，中国气象局总体规划研究设计室、自治区气象局、广东省气象局共同组织的《珠江流域防洪气象保障系统》项目建议书论证会在南宁举行

2000 年 9 月 14 日，自治区气象局召开广西气候灾害监测及短期气候预测业务系统的研究项目鉴定会，来自北京大学、国家气候中心 10 多名专家参加鉴定

2002 年 5 月 30—31 日，百色、河池、南宁、柳州、梧州、北海 6 地市新一代天气雷达站选址专家论证会在南宁召开

1	2
3	4

1. 2002 年 9 月 6 日，国家卫星中心遥感应用试验基地在广西气象台成立

2. 2006 年 4 月 20 日，自治区气象局召开气象业务技术体制改革实施动员大会，标志着全区气象业务体制改革进入全面实施阶段

3. 2007 年 5 月 31 日—6 月 1 日，中国气象局广州区域气象中心在广西南宁市举办了多普勒雷达资料在强对流等天气的应用培训班，区域内的广东、广西、海南三省（自治区）气象局共有 77 名预报员参加培训

4. 2007 年 8 月 23—24 日，自治区气象局组织召开会议，部署提高天气预报准确率和拓展海洋气象服务工作

1
2
3

1. 2012 年 4 月 12 日，全国卫星应用技术交流会在南宁举行

2. 2012 年 4 月 23 日，“应对气候变化中国行——走进广西”在南宁举行启动仪式

3. 2016 年 8 月 10 日，广西气象行业县级综合气象业务职业技能竞赛开赛

广西壮族自治区气象局围绕“测得到、报得准、发得出、收得到”的目标，初步建成气象防灾减灾救灾预警信息发布体系，为“跑赢”灾害争得优势。建成一键式、靶向精准发布的广西突发事件预警信息发布系统，建成多灾种综合监测、研判、预警和应急指挥调度的广西应急指挥决策辅助系统。

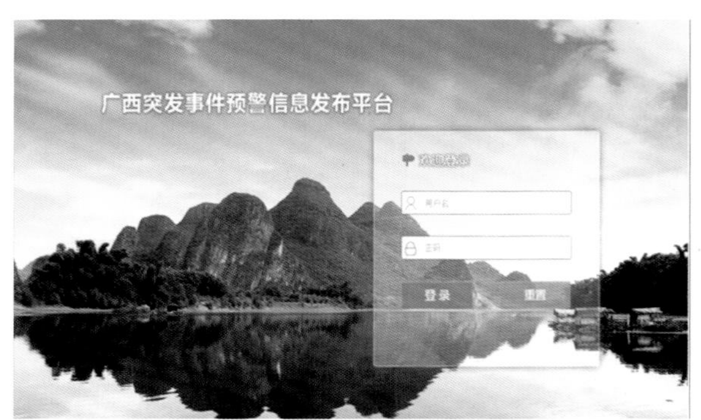

▲ 广西突发事件预警信息发布平台

▲ 广西应急指挥决策辅助系统

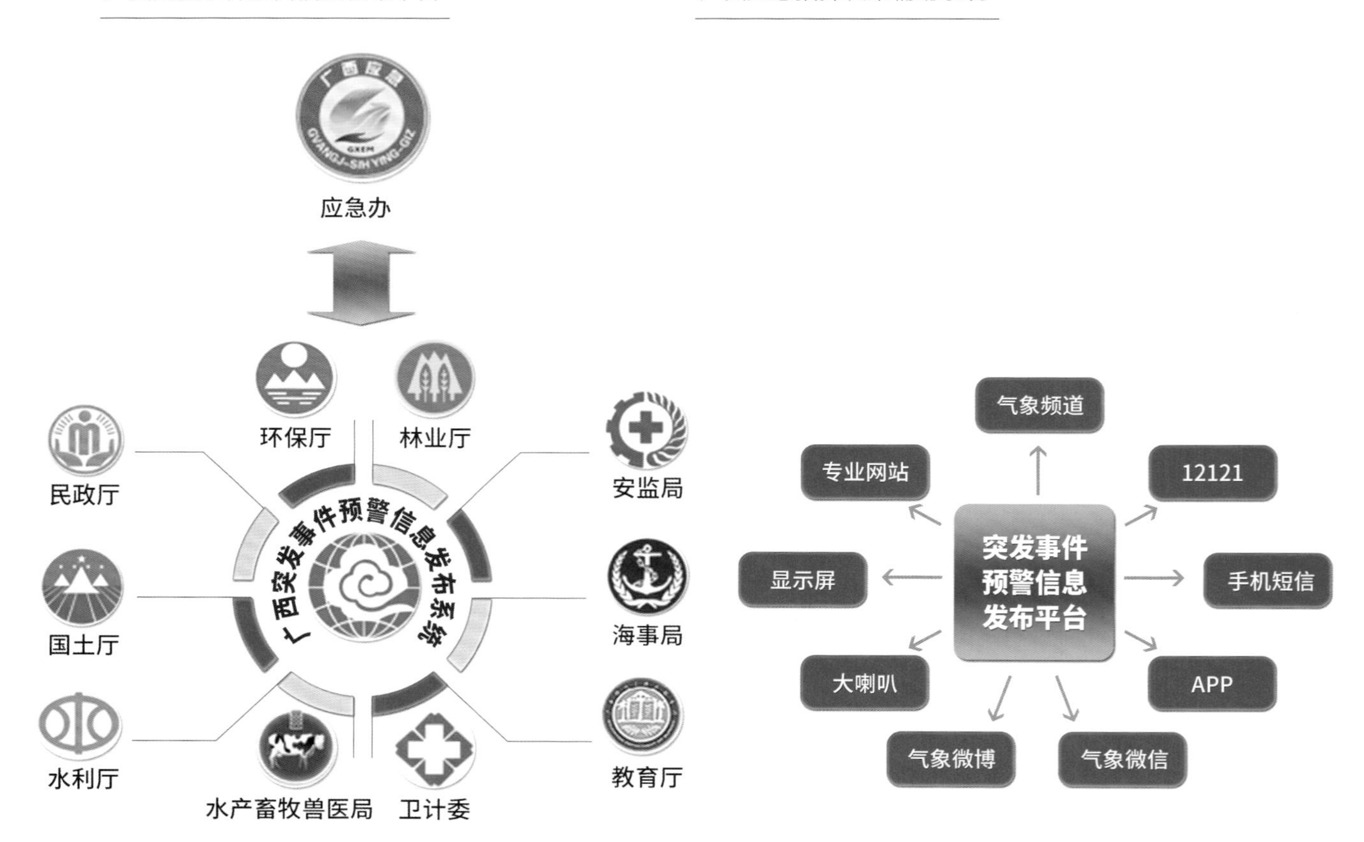

系统纵向连接国家突发公共事件预警信息发布中心及各市县预警信息发布中心，横向连接政府应急系统、气象部门及其他相关部门的业务系统，还整合了 12121 电话、传真、大喇叭、显示屏、网站、12379 短信、邮箱、APP、气象微博、气象微信等 10 多种发布渠道，实现了预警信息多渠道一键式发布。

近年来，广西气象预报预警水平显著提高，24 小时最低气温预报准确率排全国第一。在全区气象部门开通高清电视会商系统，推广应用“两系统一平台”。

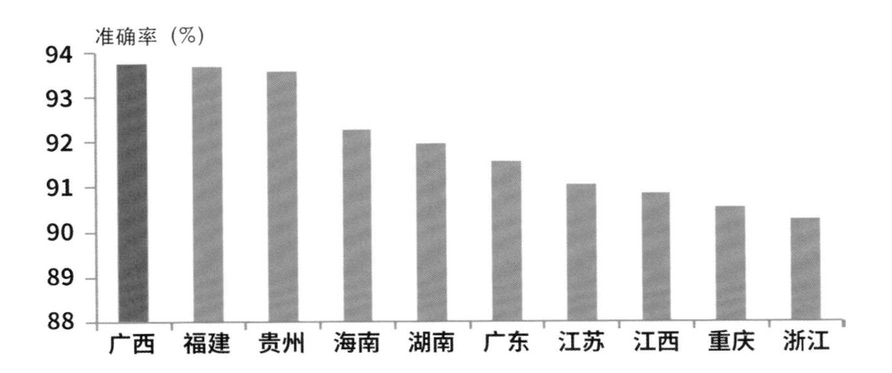

2018 年 24 小时低温预报准确率图

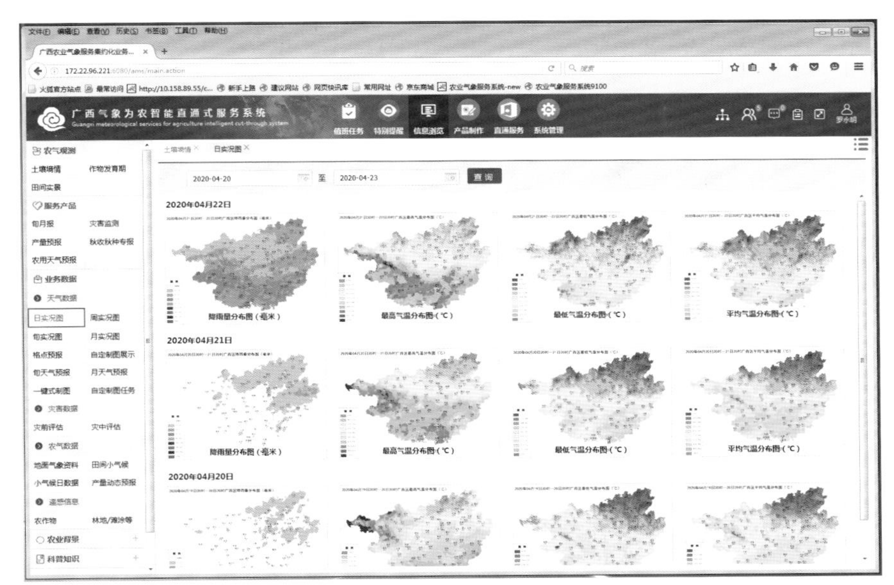

广西气象为农智能直通式服务系统

广西县级综合气象服务平台

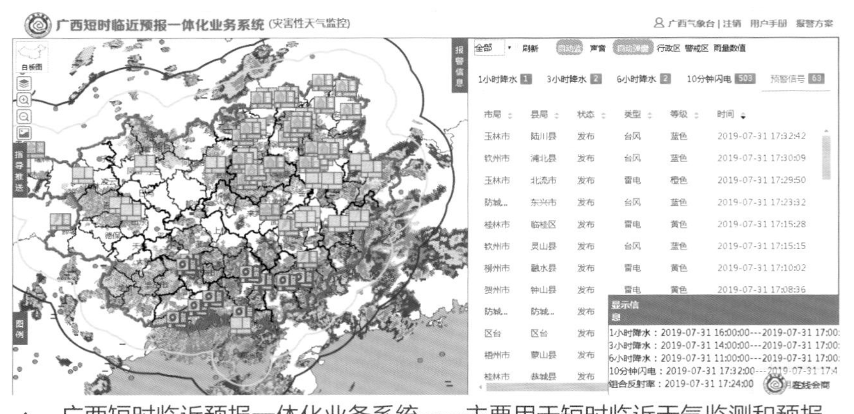

▲ 广西短时临近预报一体化业务系统——主要用于短时临近天气监测和预报

▲ 广西智能网

▲ 广西气象综合信息显示平台——主要用于天气监测

实时监

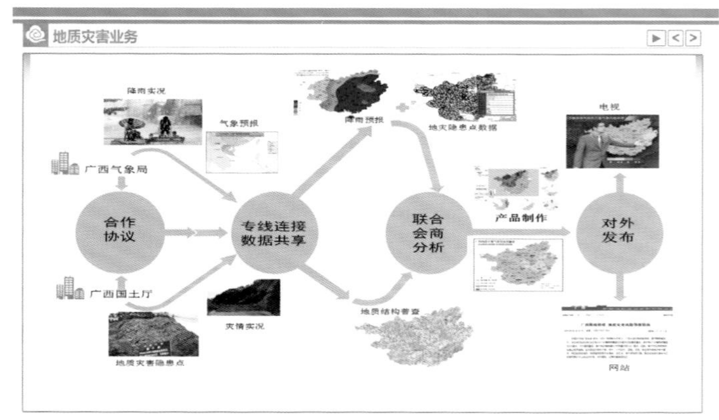

▲ 地质灾害业务

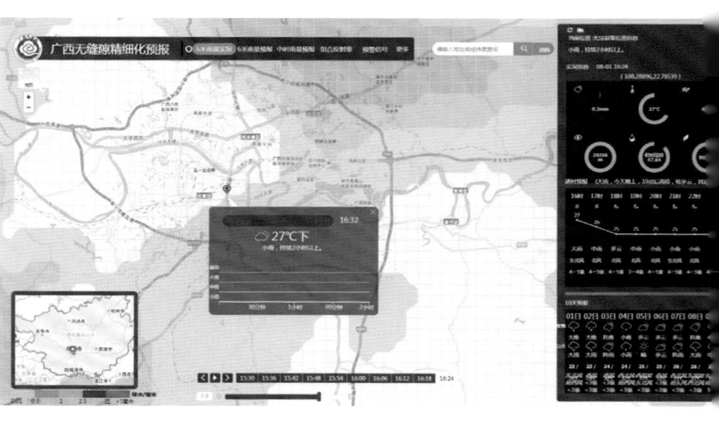

▲ 广西无缝隙精细化预报

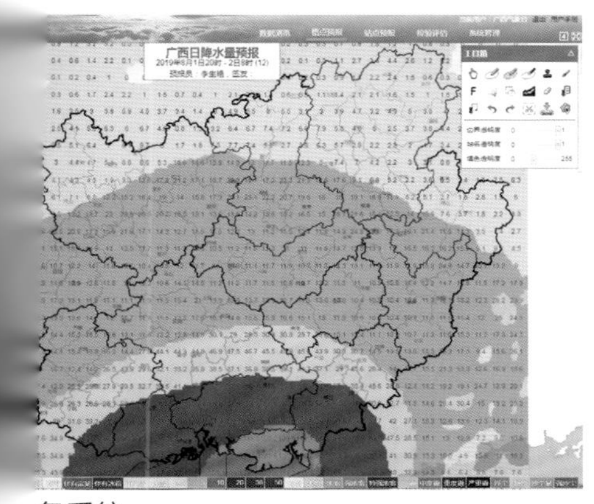

务系统

▲ 广西海洋气象预报预警服务系统——主要用于广西海域天气和台风的预报预警

短临预警平台

网格预报制作平台

合信息平台

海洋业务平台

广西天气预报服务集约化业务系统

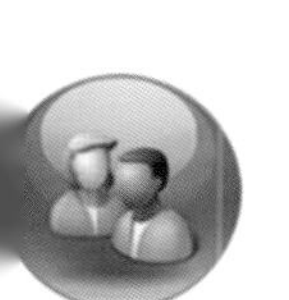

山洪风险预警

业务管理

产品分发平台

业务系统集成

预报质量检验

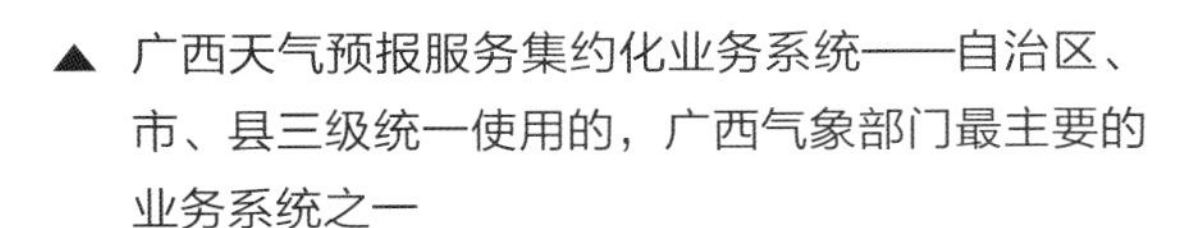

▲ 广西天气预报服务集约化业务系统——自治区、市、县三级统一使用的，广西气象部门最主要的业务系统之一

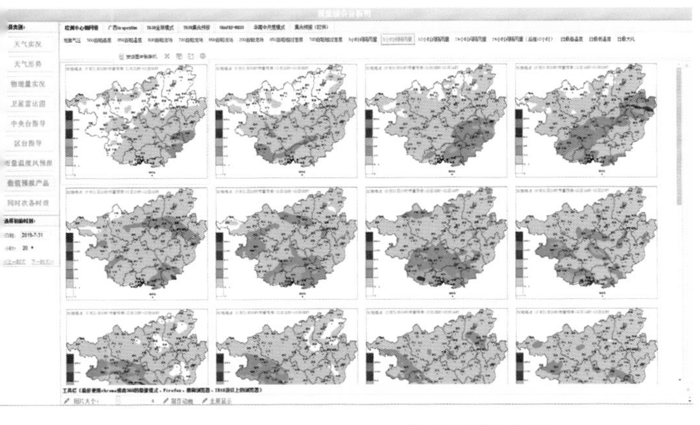

▲ 数值预报产品

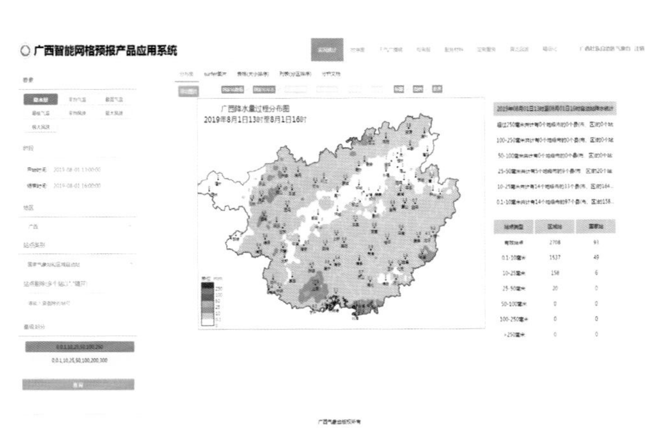

▲ 广西智能网格预报产品应用系统

气象信息系统

1	2
3	4
5	6

1. 1996 年 11 月，9210 工程天线在广西气象台安装

2. 1997 年，自治区气象局网络中心机房监控室

3. 2005 年 6 月 22 日，自治区气象局建成广西天气预报可视会商和电视电话会议系统

4. 2005 年，广西人工影响天气指挥中心建成

5. 2005 年建成的广西天气预报视频会商及视频会议系统

6. 2006 年 9 月 27 日，广西气象信息中心成立并举行挂牌仪式，中心全体人员合影

▲ 2009 年，开始开展历史资料数字化工作。2016 年作为试点省份，开展降水迹线数据提取的工作

▲ 2016 年建成的广西天气预报视频会商及视频会议系统投入业务运行，分辨率 1080P

▲ 2016 年，完成广西气象信息中心核心机房建设，面积约 860 平方米

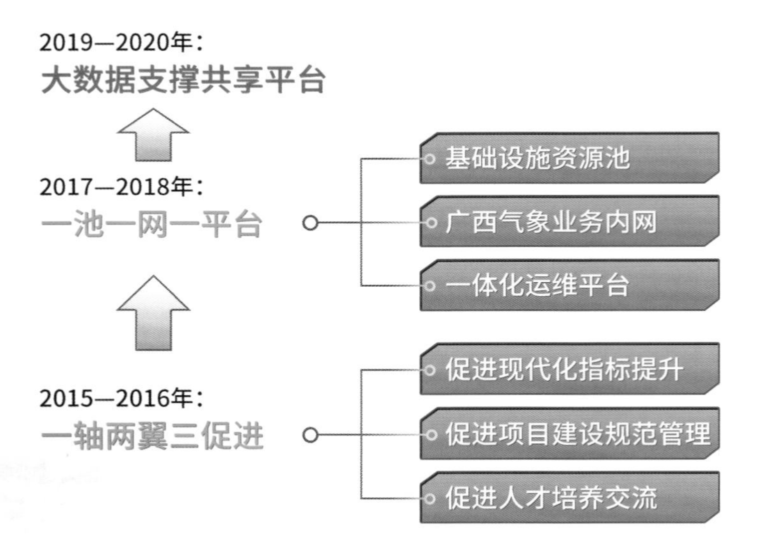

▲ 广西气象信息化建设发展

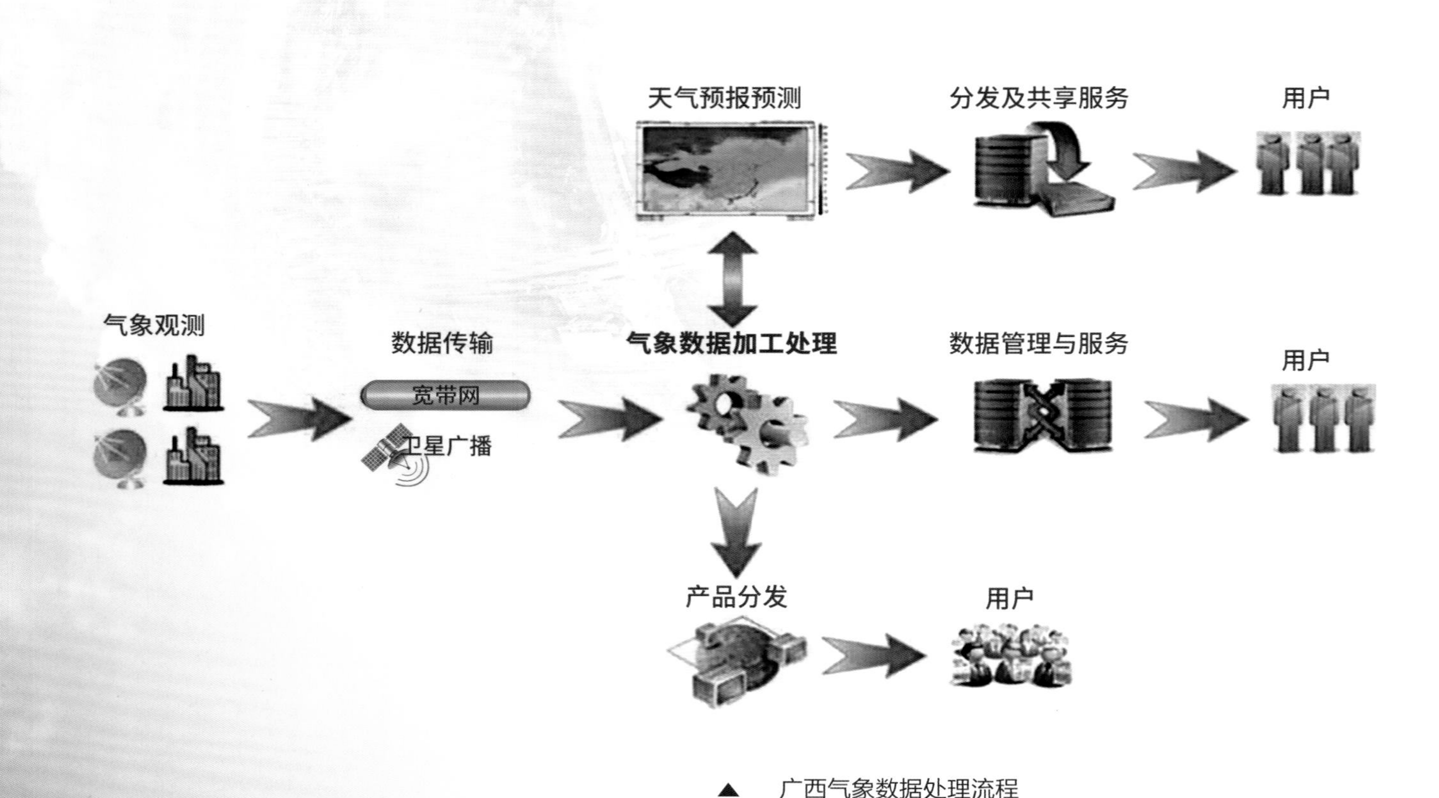

▲ 广西气象数据处理流程

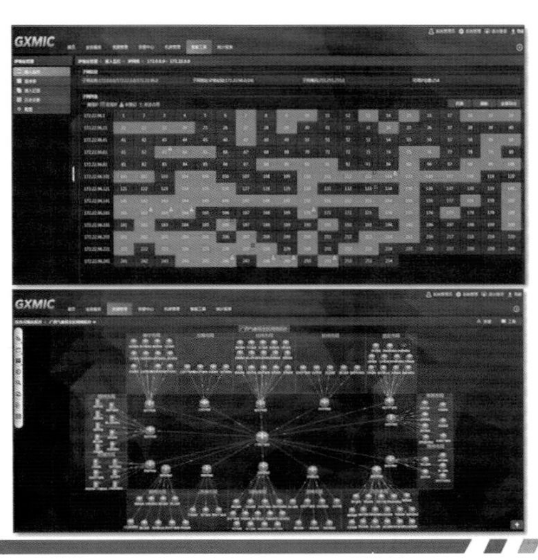

▲ 一体化运维平台

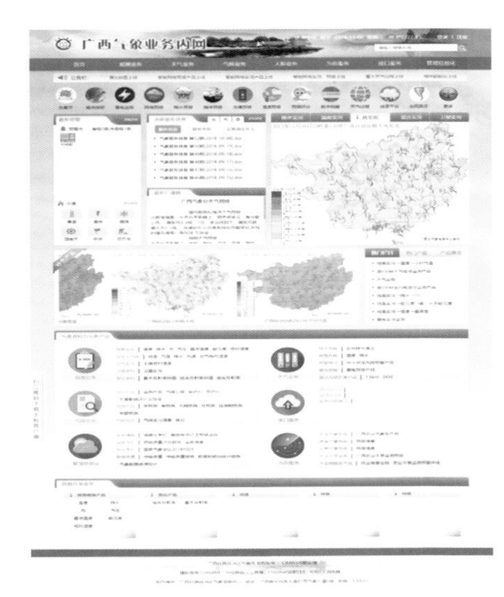

▲ 广西气象业务内网

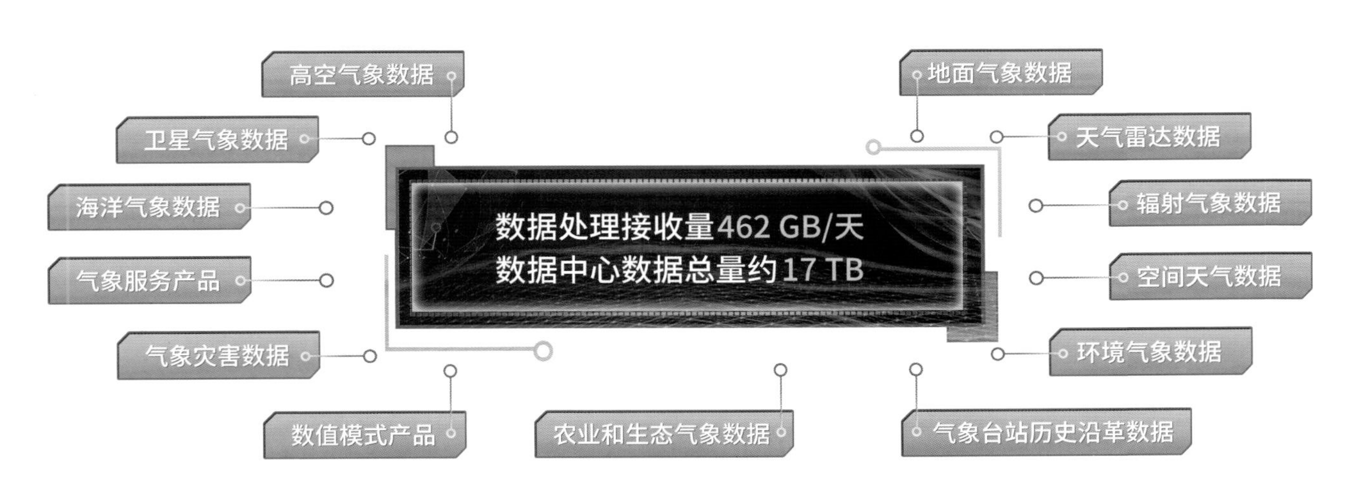

▲ 广西气象数据处理接收量达 462 GB / 天

▼ “天境 · 广西”省级综合业务实时监控系统

气象科技篇

长期以来，广西壮族自治区气象局依托强有力的气象科技保障和服务支撑，观云识天，办公环境全面升级，预报技术不断提高，现已具备长期、连续、立体和多要素的气象探测能力及高时空高密度的中小尺度天气监测能力；强化科技培训，加强人才交流，成立创新团队，攻关科研技术，气象人才队伍建设取得了显著成绩；以防灾减灾和应对气候变化为重点，突出创新意识，将互动体验型活动作为开展气象科普宣传的载体，切实提高公众防灾减灾意识和全民气象科学素质。

气象科技发展

科技创新是气象事业发展的动力之源。长期以来，广西壮族自治区气象局以气象现代化建设目标和发展需求为导向，聚焦关键科技问题，气象科技创新取得了新成效，为全面推进气象现代化、办公环境升级、预报技术不断提高提供了可靠支撑。

▲ 1957 年 6 月 1 日，北海气象台参加国际地球物理年全体同志合影留念

1979—1992 年使用的天气图传真机天线

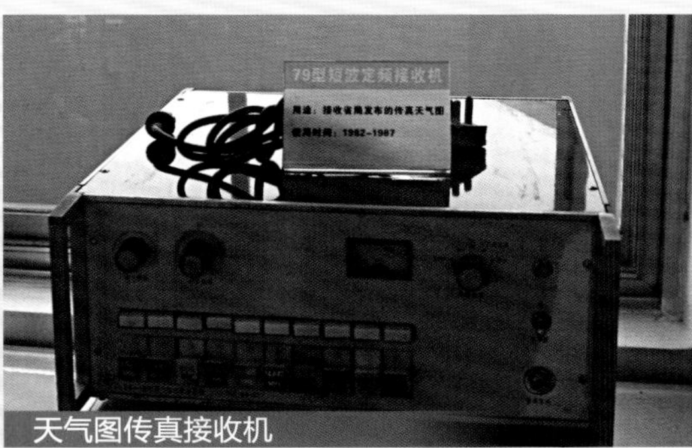
天气图传真接收机

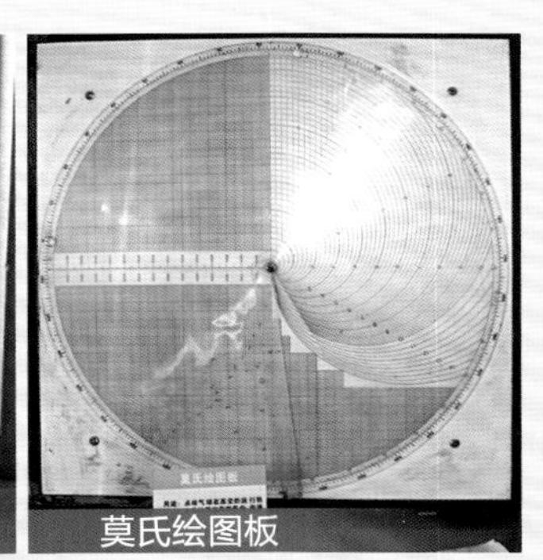
莫氏绘图板

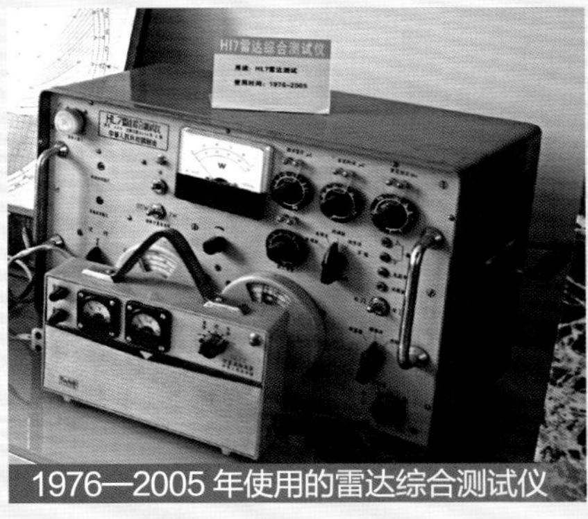
1976—2005 年使用的雷达综合测试仪

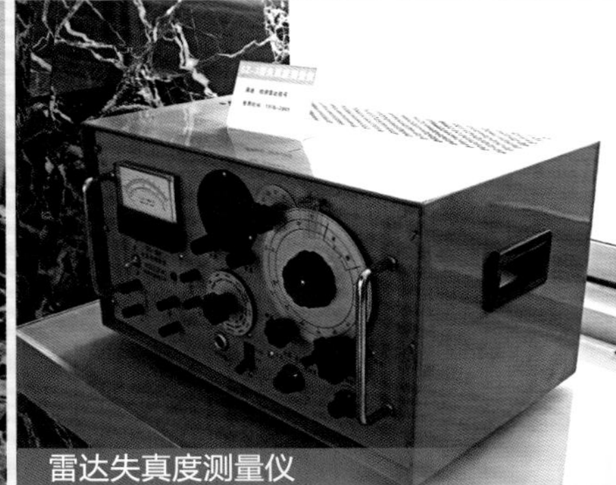
雷达失真度测量仪

马拉赫雷达分机

探空收报机

探空检查仪

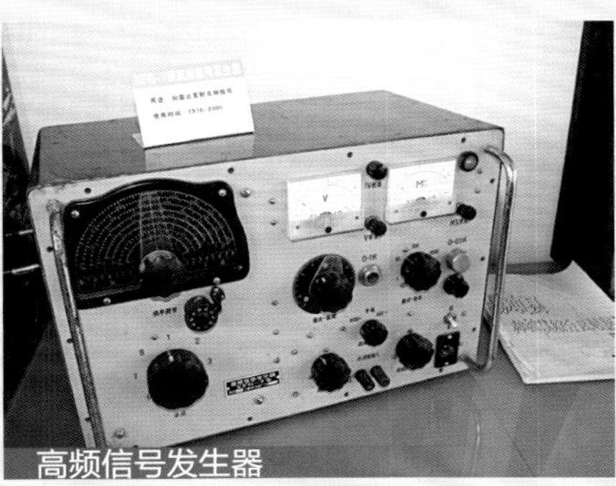
高频信号发生器

气象发报专用手摇发电机

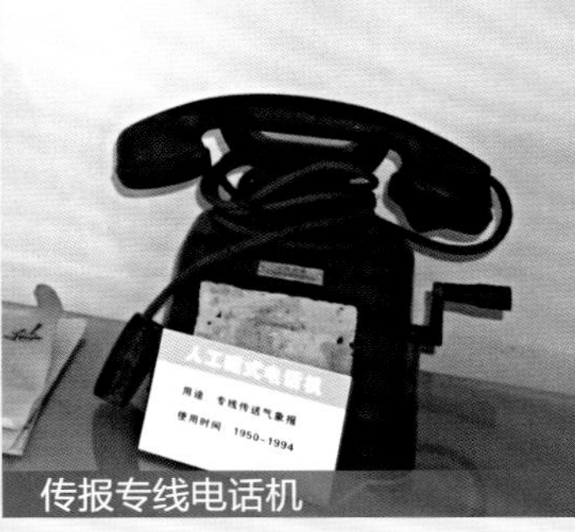
传报专线电话机

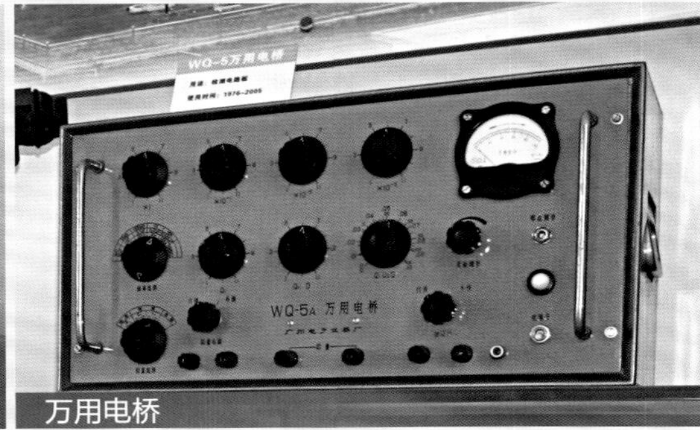

万用电桥

气象警报接收机

1985—1992 年使用的气象警报发射机、接收机

手摇计算机

PC-1500 计算机

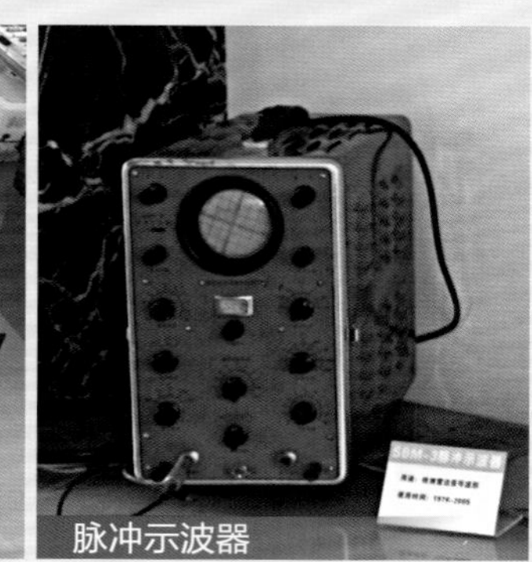
脉冲示波器

轻便风向风速仪

风向风速仪

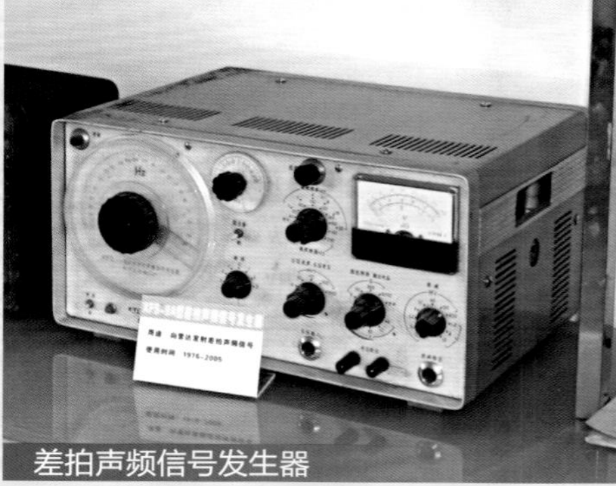
差拍声频信号发生器

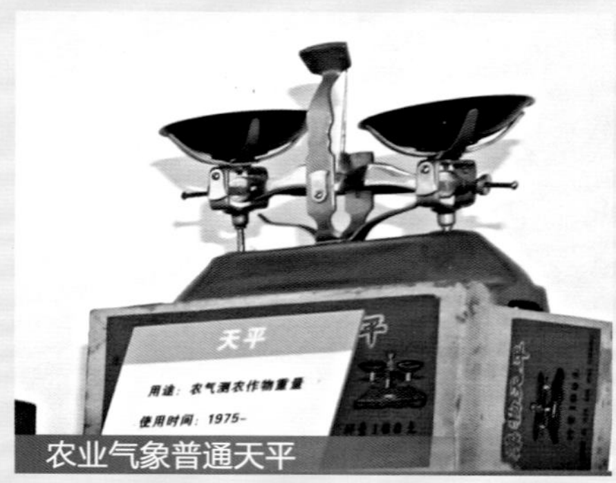

农业气象普通天平

农业气象精密天平

真空泵

▲ 2007 年 10 月 23—24 日，全区气象科技服务工作会议在南宁举行

▲ 2015 年 11 月 13 日，广西首届农业科技成果展示对接会在广西农业科学院开幕，自治区气象局多项为农气象服务成果亮相展示会

▲ 2016 年 6 月 23 日，气象服务成果亮相农业科技成果展示对接会，自治区气象局局长刘家清（右三）指导气象部门展示会现场工作

▲ 2018 年 12 月 26—27 日，自治区气象局在南宁举办第一届广西气象服务创新大赛

证书
国家"八五"
科技攻关重大科技成果
成果名称：
完成单位：
一九九六年十月

▲ 1996 年 10 月，自治区气象局获国家"八五"科技攻关重大科技成果

广西科学技术奖
证 书
为表彰广西科学技术奖获得者，
特颁发此证书。
奖励类别： 科学技术进步奖
奖励等级： 一等奖
项目名称： 电网雷电灾害防治关键技术与应用
获奖单位： 广西电网有限责任公司电力科学研究院、广西电网有限责任公司南宁供电局、广西大学、南京信息工程大学、武汉大学、广西壮族自治区气象服务中心
广西壮族自治区人民政府
2016年3月31日
证书号： 2015-J-1-005-06

▲ 2016 年 3 月，广西气象服务中心获 2015 年广西科学技术奖一等奖（参与完成单位）

广西科学技术奖
证 书
为表彰广西科学技术奖获得者，
特颁发此证书。
奖励类别： 科学技术进步奖
奖励等级： 二等奖
项目名称： 广西电网流域面雨量预报预警技术研究与应用
获奖单位： 广西壮族自治区气象服务中心、广西壮族自治区气象台、广西电网有限责任公司、广西壮族自治区气象减灾研究所
广西壮族自治区人民政府
2016年3月31日
证书号： 2015-J-2-035-01

▲ 2016 年 3 月，广西气象服务中心、气象台获 2015 年广西科学技术奖二等奖（主要完成单位）

科技进步奖
荣誉证书
为表彰在促进广西科学技术进步工作中做出重大贡献者，特颁发科技进步奖荣誉证书，以资鼓励。

科技进步奖
荣誉证书
为表彰在促进广西科学技术进步工作中做出重大贡献者，特颁发科技进步奖荣誉证书，以资鼓励。

科技进步奖
荣誉证书
为表彰在促进广西科学技术进步工作中做出重大贡献者，特颁发科技进步奖荣誉证书，以资鼓励。

科学技术进步奖
荣誉证书
为表彰广西科学技术进步奖获得者，特颁发此证书。

科学技术进步奖
荣誉证书
为表彰广西科学技术进步奖获得者，特颁发此证书。

科学技术进步奖
荣誉证书
为表彰广西科学技术进步奖获得者，特颁发此证书。

科学技术进步奖
荣誉证书
为表彰广西科学技术进步奖获得者，特颁发此证书。

▲ 1997 年、1999 年、2000 年、2004 年、2005 年、2006 年，广西气象部门获广西科学技术进步奖组图

1
2
3

1. 2007 年 10 月 24 日，第五届泛珠三角气象学术研讨会在桂林召开

2. 2013 年 1 月，第五届全国气象行业职业技能竞赛广西代表队载誉归来

3. 2014 年 11 月 11 日，第十届粤西、北部湾区域气象合作会议在东兴召开

2016 年 10 月 24 日，首届柳江流域湘黔桂五市（州）气象学术交流会在柳州召开

自治区气象局项目获 2018 年度气象科学技术进步成果奖二等奖

科技人才

人才是气象事业发展的第一资源。广西壮族自治区气象局高度重视科技人才培养，人才工作体制机制逐步完善，强化科技培训，加强人才交流，成立创新团队，攻关科研技术，气象人才队伍建设取得了显著成绩。

20 世纪 70 年代，南宁市武鸣县气象工作人员参加人工增雨培训

2007 年 8 月 17 日，自治区气象局组织召开全区气象部门事业单位岗位设置管理工作会议，进一步深化事业单位人事制度改革，做好事业单位岗位设置管理工作

2009 年 6 月 3 日，自治区气象局举行广西气象部门处级领导岗位竞争上岗笔试

▲ 2015 年 5 月 5 日，自治区气象局举办 2015 年“青年成才”论坛

▲ 2016 年 6 月 8 日，自治区气象局成立首批四个创新团队，自治区气象局与创新团队签订协议

2018 年以来，全区气象部门入选各类高层次人才数量逐步增加；2020 年，首席预报员人数达到 21 人，正研级高级工程师达 25 人；2015-2019 年期间。全区气象部门发表核心期刊论文总数 168 篇（含 SCI、EI 收录论文 13 篇），其中 2019 年最多达 47 篇。

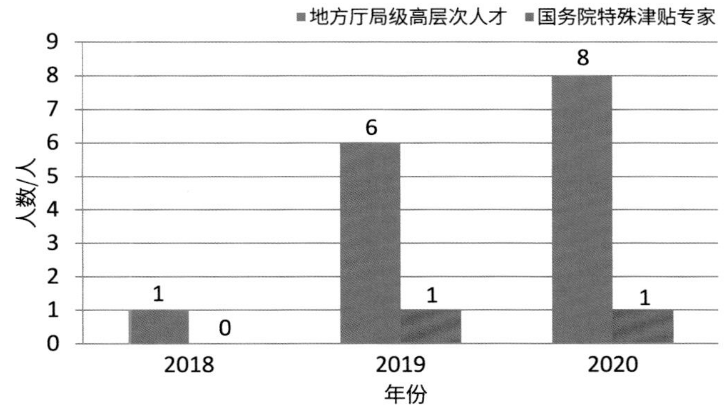

▲ 全区气象部门入选各类高层次人才情况

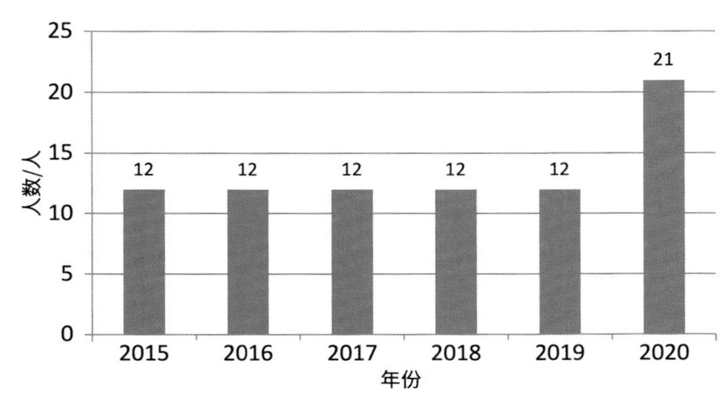

▲ 全区气象部门首席预报员人数

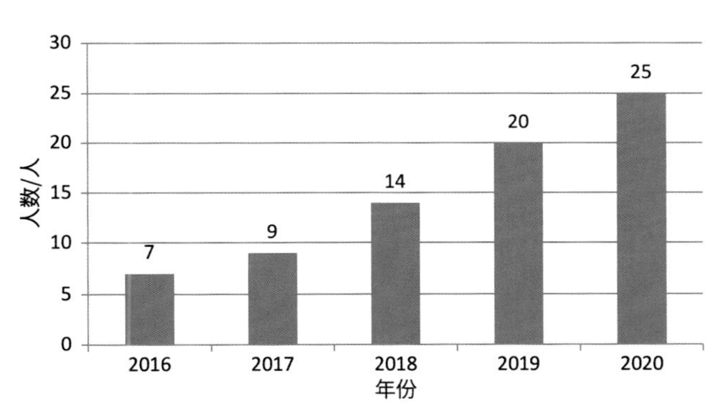

▲ 全区气象部门正研级高级工程师人数

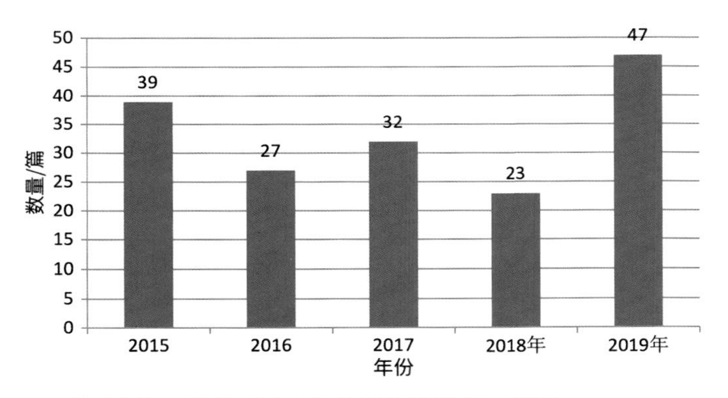

▲ 2015—2019 年全区气象部门发表核心期刊论文数量统计

气象科学普及

广西作为暴雨、台风、干旱等气象灾害的易发区，防灾减灾尤为重要。广西壮族自治区气象局努力创新，以防灾减灾和应对气候变化为重点，突出创新意识，将互动体验型活动作为开展气象科普宣传的载体，切实提高公众防灾减灾意识和全民气象科学素质。

1. 1985年，全国青少年气象夏令营广西河池分营开营

2. 1986年，全国青少年气象夏令营广西营开营

1	2
3	4

1. 2000 年 3 月 23 日世界气象日，前来参观自治区气象局的学生和市民排起长队

2. 2000 年 10 月 1 日，防城港市气象局组成的 121 气象电话宣传活动小组在街头宣传

3. 2001 年 3 月 23 日世界气象日，贺州市钟山县气象局工作人员给学生做火箭人工影响天气作业演示

4. 2001 年 12 月，南宁市沛鸿学校气象站学生上课在学习气象观测

2002 年 5 月 12 日，在全国科技活动周科普活动中，气象专家在南宁宣传点检查科普答卷

2004 年 3 月，那坡县气象局工作人员为中小学生做科普讲解

2009 年 6 月 12 日，防城港市气象局开展气象科普进校园活动

2009 年 10 月 11 日，防城港市气象局开展气象科普进农村活动

2009 年 12 月 10 日，桂林市首个气象灾害防御示范村基本建成

2012 年 7 月 9 日，“气象防灾减灾宣传志愿者中国行”大学生志愿者到广西开展活动

2014 年 3 月 22 日，《百色早报》50 名小记者走进百色市气象局“探秘”，近距离感受风云天奥妙

2015 年 3 月 19 日，柳州市气象局在广西科技大学举办柳州市首届防雷安全知识科普讲座

2015 年 3 月 24 日，贺州市气象局联合市科协青少部、科普部、平桂区科协组织平桂区芳林中学师生参观气象科普基地

2015 年 4 月 3 日，全球气候变化与城市发展方向专题讲座在贺州市召开

2015 年 5 月 12 日，自治区气象局组织专家走进广西农业职业技术学院，举行以“科学减灾 依法应对”为主题的防灾减灾日气象科普宣传活动

2016 年 3 月 26 日，河池市气象局向全市中小学生开放

1	2
3	4

1. 2016 年 5 月 14 日，柳州市气象局参加全国科技活动周启动仪式，工作人员带领小朋友拼制气象科普手工作品

2. 2016 年 6 月 22 日，贺州市远教微科普广播栏目开播仪式在贺州市气象局举行

3. 2016 年 7 月 11 日，柳江县气象局开展气象防灾减灾下基层宣讲活动

4. 2016 年 9 月 28 日，贺州市标准化校园气象站在八步龙山小学揭牌

1 | 2
3

1. 2016 年 10 月，河池市气象局联合多部门开展“十月科普大行动暨气象科普山歌进社区”活动

2. 2016 年 10 月 10 日，河池市气象局进校园开展气象观测培训

3. 2016 年 11 月 17 日，柳州市气象科普教育基地示范校园气象站揭牌仪式在柳州市钢一中学举行，气象局科普宣讲员给钢一中学生讲课

1. 2017 年 3 月 21 日，自治区气象学会与南宁市气象局联合开展“云科普课堂”进贫困山区活动，小朋友正在讨论海报上的知识

2. 2018 年 1 月 17 日，来宾市气象局参加科技“三下乡”活动

3. 2018 年 5 月 11 日，由自治区气象局、广西科学技术协会主办，南宁市气象局和马山县政府承办的广西综合防灾减灾系列宣传活动在马山县正式启动

4. 2018 年 10 月 27—30 日，北海市气象局自主研发多功能气象站检测仪参加第七届发明创造成果展览交易会

1	2
3	4

2019 年 3 月 15 日，钦州市气象局开展科普进校园活动，气象工作人员进行人工影响天气作业装备演示

2019 年 5 月 19 日，工作人员在广西科技活动周上为群众讲解广西气象信息化建设成果

2019 年 5 月 20 日，玉林市气象局工作人员为小学生讲解气象科普知识

1	2
3	4

1. 2019 年 5 月 6 日，自治区气象局参加自治区减灾委员会在南宁市民族广场组织开展的防灾减灾日广西宣传周活动

2. 2019 年 5 月 16 日，"2019 年广西十佳科普使者"选拔赛圆满落下帷幕。气象部门的 5 位选手在比赛中经过激励地角逐，分别获得一、二、三等奖，气象部门已连续 5 年在全区科普讲解大赛中荣获一等奖

3. 2019 年 5 月 19 日，百色市气象局举办科技活动周开放活动，20 余名小朋友参观演播室，体验气象小主播

4. 2019 年全国科普讲解大赛，广西气象部门选手覃帅获三等奖

▲ 2010年以来，自治区气象局举办了气象知识进农村、进社区、进机关、进校园、进企业等系列“山歌宣传活动”，并将活动整理成影像资料出版发行

▲ 2017年，自治区气象局出版《气象灾害防御山歌》科普读物，介绍高温干旱、暴雨洪涝、雷电、冰雹等气象灾害防御知识

▲ 2018年，自治区气象局出版《广西气象谚语精选100条》科普书籍，帮助读者尤其是农民、中小学生了解掌握气象预报的一般规律

气象管理篇

近年来，自治区气象局完善和借助部区合作平台，为气象事业科学发展、依法发展创造了良好的环境。双重计划财务管理体制进一步完善，政策法规保障不断健全，气象管理法治化、科学化水平不断提升。

法治建设

为全面推进气象法治建设，广西壮族自治区人民政府先后出台了一系列加强气象灾害防御的地方性法规和政府规章、文件等，广西壮族自治区气象局围绕气象事业发展主线，积极开展法治学习教育，努力夯实依法履职基础。

▲ 1999 年 12 月 29 日，自治区气象局、自治区法制局在气象大厦联合举行学习贯彻《中华人民共和国气象法》会议，全国人大常委会委员奉恒高（前右四）、自治区人大常委会副主任洪普洲（前右五）等在主席台就座

▲ 2000 年 12 月 29 日，自治区气象局举行《气象法》知识竞赛决赛

1	2
3	4
5	

1. 2001 年 8 月 10 日，自治区气象局举办全区气象行政执法培训班

2. 2001 年 12 月 31 日，自治区人大法制委员会与自治区气象局联合举办《广西壮族自治区气象条例》颁布实施新闻发布会

3. 2002 年 1 月 1 日，自治区气象局在南宁市朝阳广场举行气象法规宣传咨询活动

4. 2002 年 8 月 11 日，自治区人大常委会农业委员会与自治区气象局在河池市南丹县举行首次《气象法》执法调查座谈会

5. 2004 年 12 月，广西气象部门投入 300 多万元，为 14 个市气象局配备气象行政执法专用车

1. 2006 年 9 月,《广西壮族自治区气象灾害防御条例》颁布实施新闻发布会召开

2. 2009 年 5—6 月，为纪念《气象法》颁布实施 10 周年，全区各级气象部门开展“华云杯”气象法律法规知识竞赛

3. 2009 年 5 月，自治区人大农业和农村委员会和自治区气象局带领调研组赴柳州、河池等 4 个市、县实地调研《气象法》贯彻落实情况

4. 2009 年 8 月 28 日，华南区域气象中心代表队参加中国气象局“华云华风杯”气象法律法规知识竞赛获二等奖

5. 2010 年 12 月 21 日，全区气象依法行政工作会议在南宁召开

1	2
3	4
	5

1 | 2
3

1. 2011 年 12 月 2 日，广西首例气象行政复议案听证审理现场

2. 2012 年 11 月 22 日，自治区气象局在南宁召开贯彻实施《气象设施和气象探测环境保护条例》座谈会

3. 2014 年 2 月 26 日，《广西壮族自治区人工影响天气管理办法》新闻发布会在南宁召开

▲ 2013 年 9 月，自治区人大常委会在全区开展《气象法》执法检查

▲ 2019 年 2 月 26 日，广西首个地级市气象政府规章《河池市气象设施和气象探测环境保护管理规定》颁布施行

管理体制

近年来，广西气象部门双重领导和双重计划财务体制进一步完善，广西壮族自治区领导带队到各市现场督办气象现代化，自治区、市、县全部将推进气象现代化和气象防灾减灾工作纳入绩效考核，全部落实气象事业单位绩效工资。防雷减灾体制改革稳妥推进，在全国率先开展了地面观测业务无人值守改革，其他业务、科技改革取得明显进展。

1. 1996 年 8 月，气象人员与桂平海军机场气象台人员进行业务交流

2. 1999 年 3 月，广西气象专家应邀参加广西水电建设的调研工作

▲ 2001 年 5 月 21 日，广西气象科技产业暨防雷管理工作会议召开，全区各级气象部门共 70 名代表参加

▲ 2001 年 6 月 4 日，自治区气象局召开直属单位竞争上岗考评会

▲ 2001年11月9日，自治区党委书记曹伯纯（右）会见中国气象局局长秦大河（左）一行，就加快广西新一代天气雷达系统建设等问题交换意见

▲ 2001年11月9日，自治区党委副书记马庆生（右）会见中国气象局局长秦大河（左）

1. 2002 年 6 月 11 日，自治区气象局召开领导干部权力观教育动员活动大会

2. 2005 年 8 月 17—20 日，自治区副主席郭声琨（右）会见中国气象局副局长刘英金（中）

3. 2005 年 11 月 24—25 日，全国气象部门东西部台站文明对口交流合作签字仪式在广州举行，中国气象局副局长许小峰（前左一）主持仪式

4. 2005 年 11 月 28 日，广西气象部门业务技术体制改革报告会召开

1	2
3	4

1	2
3	4

1. 2006 年 1 月，自治区气象局召开全区气象科技服务工作会议

2. 2006 年 1 月 5 日，自治区党委副书记郭声琨（右）会见中国气象局局长秦大河（左），双方对近年来广西气象工作给予充分肯定，并就加快气象事业发展，发挥气象在经济社会发展、社会安全的作用进行了交流和探讨

3. 2006 年 4 月，自治区气象局召开业务技术体制改革实施动员大会

4. 2006 年，自治区气象局局长韦力行（左）、副局长姚才（右）会见美国海洋气象管理局气候预报中心杨崧博士（中）

2006 年 9 月 9 日，自治区党委书记刘奇葆（右）会见中国气象局局长秦大河（左），双方就发展广西气象事业交换意见

2007 年 10 月 31 日，广西两个地方标准通过专家审定，填补广西气象标准空白

2009 年 9 月 7 日，自治区气象局局长韦力行（左）会见中国电信广西公司副总经理叶松华（右），双方就如何做好气象防灾减灾的信息化工作等达成共识

2008年1月16日，自治区副主席陈章良（右）在南宁会见中国气象局副局长许小峰（左），双方共商广西气象事业发展大计

2008年6月17日，自治区副主席陈章良（右）在南宁会见中国气象局副局长宇如聪（左），双方就做好广西气象防灾减灾工作进行了座谈

2008年8月14日，自治区副主席陈章良（右）在南宁会见中国气象局副局长矫梅燕（左），双方共商广西气象事业发展大计

▲ 2010 年 7 月 15 日，自治区人民政府和中国气象局在南宁共同签署了推进广西气象防灾减灾体系建设合作协议。自治区副主席高雄（前左）和中国气象局副局长矫梅燕（前右）在合作协议上签字

▲ 2010年7月15日，自治区主席马飚（右）在南宁会见中国气象局局长郑国光（左）

▲ 2011 年 12 月 16 日，自治区副主席陈章良（右）会见中国气象局副局长矫梅燕（左）

▲ 2012 年 4 月 7 日，自治区党委书记、人大常委会主任郭声琨（右二），自治区主席马飚（右一）等在南宁会见中国气象局局长郑国光（左二）

▲ 2012 年 9 月 28 日，自治区气象局在南宁召开全面推进气象现代化建设暨广西县级气象机构综合改革工作推进会

▲ 2013 年 7 月 22 日，自治区党委副书记危朝安（右）在南宁会见中国气象局副局长许小峰（左），双方共商广西事业发展大计

2013 年 8—9 月，广东、广西和海南三省（自治区）开展防雷综合治理交互检查

2015 年 3 月 31 日，自治区人民政府在南宁召开全区气象现代化建设工作会议。中国气象局局长郑国光（左二），自治区副主席唐仁健（左三）出席会议并讲话

2015 年 3 月 31 日，中国气象局与广西壮族自治区政府召开部区合作联席会议

2015年8月27日，自治区主席陈武（右）在南宁会见中国气象局局长郑国光（左），双方就提升广西防灾减灾能力水平交换意见

2015年8月28日，自治区党委书记彭清华（右）在南宁会见中国气象局局长郑国光（左），双方就推进广西气象现代化建设、拓展气象服务领域等方面交换了意见

2015年9月24日，中国气象局局长郑国光（中右）在北京会见自治区副主席张秀隆（中左），双方就进一步加强广西气象防灾减灾工作进行会谈

2016 年 1 月 25 日，自治区副主席张秀隆（右）在南宁会见中国气象局副局长于新文（左），双方就深化部区合作推动广西气象事业改革发展进行了深入交流

2016 年 3 月 1 日，中国气象局局长郑国光（中右）在北京会见南宁市市长周红波（中左），双方就推进南宁气象现代化建设进行会谈

2016 年 9 月 6 日，自治区气象局召开南宁市校园雷电预警公共安全服务启动会

2016 年 10 月 27 日，自治区防雷减灾体制改革工作推进会在来宾市召开

2016 年 12 月 7 日，中国气象局副局长矫梅燕（右）在北京会见自治区副主席张秀隆（左），双方围绕共同办好中国—东盟气象合作论坛等进行会谈并达成共识

1 | 2
3

1. 2017 年 9 月 4 日，广西防雷社会管理和公共服务综合标准化宣贯应用培训班开班

2. 2017 年 11 月 3 日，贺州市气象局在人工影响天气标准化作业站点开展重污染天气人工影响天气应急演练

3. 2017 年 12 月 29 日，自治区气象局组织召开建设工程防雷管理协调会第一次会议

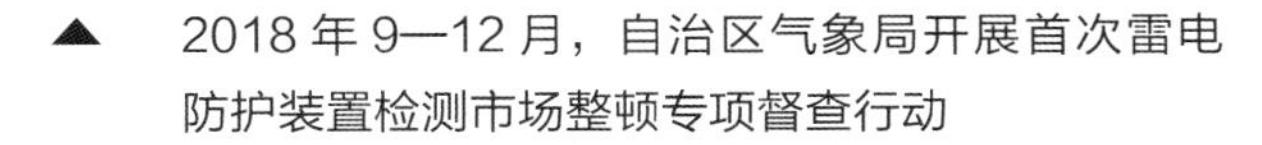

▲ 2018 年 9—12 月，自治区气象局开展首次雷电防护装置检测市场整顿专项督查行动

▲ 2019 年 2 月 25 日，自治区市场监管局授予自治区气象局“广西气象标准化技术委员会”牌匾

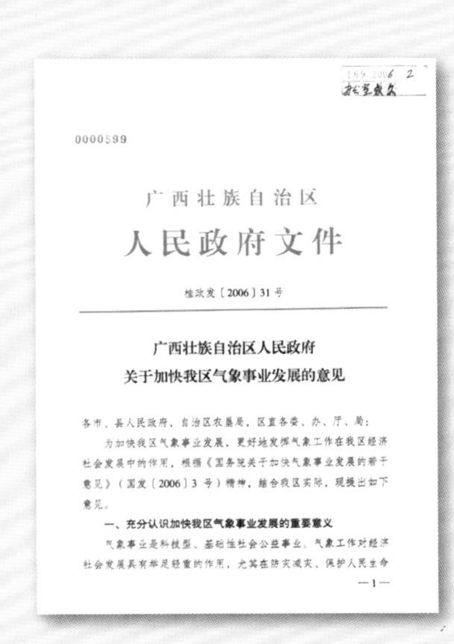

0000599

广西壮族自治区

人民政府文件

桂政发〔2006〕31 号

广西壮族自治区人民政府
关于加快我区气象事业发展的意见

各市、县人民政府，自治区农垦局，区直各委、办、厅、局：

为加快我区气象事业发展，更好地发挥气象工作在我区经济社会发展中的作用，根据《国务院关于加快气象事业发展的若干意见》（国发〔2006〕3 号）精神，结合我区实际，现提出如下意见。

一、充分认识加快我区气象事业发展的重要意义

气象事业是科技型、基础性社会公益事业。气象工作对经济社会发展具有举足轻重的作用，尤其在防灾减灾、保护人民生命

—1—

▲ 2006 年，自治区人民政府印发《关于加快我区气象事业发展的意见》，明确加快广西气象事业发展的总体要求、主要任务和政策措施

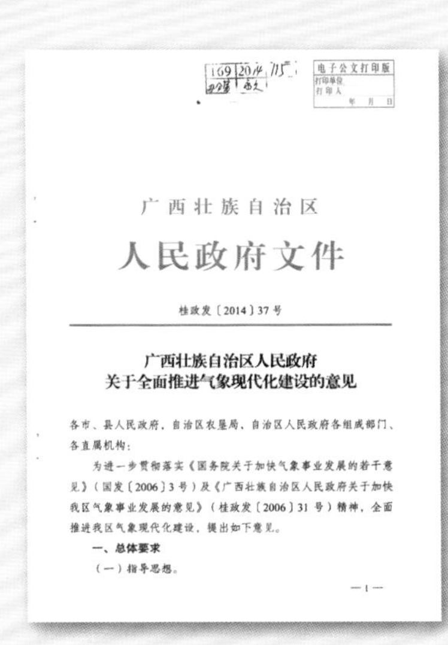

电子公文打印版

广西壮族自治区

人民政府文件

桂政发〔2014〕37 号

广西壮族自治区人民政府
关于全面推进气象现代化建设的意见

各市、县人民政府，自治区农垦局、自治区人民政府各组成部门、各直属机构：

为进一步贯彻落实《国务院关于加快气象事业发展的若干意见》（国发〔2006〕3 号）及《广西壮族自治区人民政府关于加快我区气象事业发展的意见》（桂政发〔2006〕31 号）精神，全面推进我区气象现代化建设，提出如下意见。

一、总体要求

（一）指导思想。

—1—

▲ 2014 年，自治区人民政府印发《关于全面推进气象现代化建设的意见》，进一步明确广西气象现代化的目标、任务和措施

中国气象报

China Meteorological News

一纸“纪要”的背后

——中国气象局与广西壮族自治区政府合作联席会议纪要出台纪实

暴雨红色预警子夜发出

中国气象局智慧推进气象现代化

气象部门将建综合观测标准化体系

中东部14省市迎高温天气

▲ 2015 年 7 月 14 日，《中国气象报》头版头条刊登《一纸“纪要”的背后》通讯报道，宣传部区联席会议成效

开放与合作篇

作为中国—东盟交流合作的前沿阵地，广西在与东盟国家加强合作等方面拥有得天独厚的优势，2016 年，在中国气象局和自治区政府的共同倡议与推动下，成功创办了中国—东盟气象合作论坛。这个两年召开一次的国际盛会，填补了我国与东盟国家机制性气象区域合作的空白，会议通过了《中国—东盟气象合作南宁倡议》，提出以广西为基地，推进我国与东盟国家在气象计量、预警平台、信息数据交换与共享等方面的交流与合作；局市、部门合作，助推广西基本实现气象现代化的建设阶段性目标提前两年完成。

开放促发展

作为中国—东盟交流合作的前沿阵地，广西在“一带一路”中处处是机遇。广西壮族自治区气象局抢抓机遇，以开放的姿态，更加积极地开展多层次合作，充分利用国内外资源促进气象改革发展，多渠道、多方式推进合作共赢。

1. 1957 年 3 月 20 日，广西省人民政府气象局局长赵月年（中）与越南水文气象代表团合影

2. 1992 年 5 月 24—27 日，以越南水文气象总局局长阮德语为团长的越南气象代表团一行 6 人到中国访问。图为代表团参观广西气象台自动填图系统

3. 2000 年 12 月 13 日，越南水文气象代表团参观广西气候中心短期气候预测系统

1
2

1. 2001 年 11 月 6 日，世界气象组织二区协（亚洲）有偿服务与管理研讨会在南宁开幕，自治区常务副主席王万宾（左二）、中国气象局局长秦大河（右三）出席开幕式

2. 2001 年 11 月 9 日，自治区主席李兆焯（右二）会见中国气象局局长秦大河（右一）和世界气象组织官员

▲ 2002 年 5 月 21 日，自治区气象局领导与越南水文气象代表团在气象大厦楼顶合影

▲ 2002 年 12 月 6 日，越南国家水文气象总局专家访问广西气象台

▲ 2003 年 10 月 20—23 日，中国气象局副局长许小峰（左三）陪同俄罗斯水文气象与环境监测局局长 Bedritsky 博士（右一）率领的俄罗斯水文气象代表团到自治区气象局参观访问

▲ 2004 年 7 月 19 日，美国气象代表团约翰逊将军一行在中国气象局副局长郑国光（前排左一）陪同下参观考察桂林市气象台、基准站及桂林新一代天气雷达站

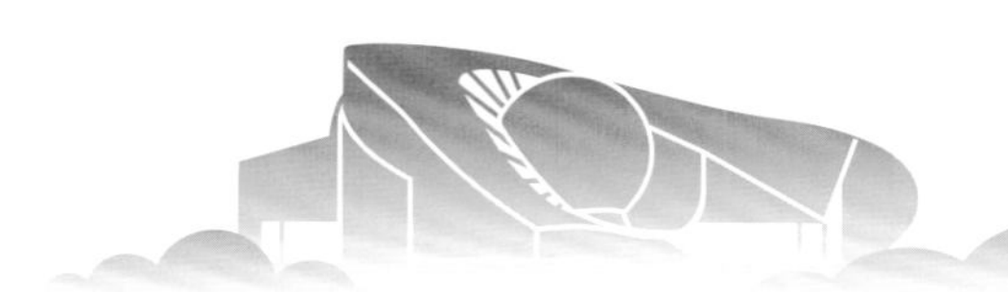

2007 年 9 月 7—10 日，第 36 期世界气象组织多国别考察团到广西气象信息中心、气象台、气象影视中心等业务单位参观考察

2008 年 10 月 23 日，自治区气象局参加第五届中国—东盟博览会文莱旅游、清真产业和信息通信技术商机与投资介绍会

2016 年 7 月 6 日，自治区气象局参加中国气象行业企业东盟双边贸易推介活动，自治区气象局副局长钟国平出席活动开幕式并致辞

2016 年 9 月 11—12 日，首届中国—东盟气象合作论坛在广西南宁召开，邀请中国和东盟国家高级官员及专家参与研讨及对话。通过开展政策对话及学术交流活动，增进中国和东盟国家气象灾害防御现状的相互了解，加强“一带一路”倡议下的气象领域交流与合作，建立中国和东盟气象灾害的监测及联防机制。

▲ 首届中国—东盟气象合作论坛世界气象组织及各国代表团代表合影

▲ 中印尼气象和气候领域合作联合工作组第一次会议召开，中国气象局与印度尼西亚气象、气候和地球物理局签订双方合作会谈纪要

▲ 会场全景

气象合作论坛与会代表到自治区气象局参观考察

中国—东盟防灾减灾与可持续发展专家论坛召开

第 13 届中国—东盟博览会气象装备和服务展开幕

▲ 2017 年 9 月 13 日，在第 14 届中国—东盟博览会举办期间，中国气象装备和服务展亮相盛会，自治区气象局局长刘家清（左三）到南宁国际会展中心现场参观气象装备和服务展展位

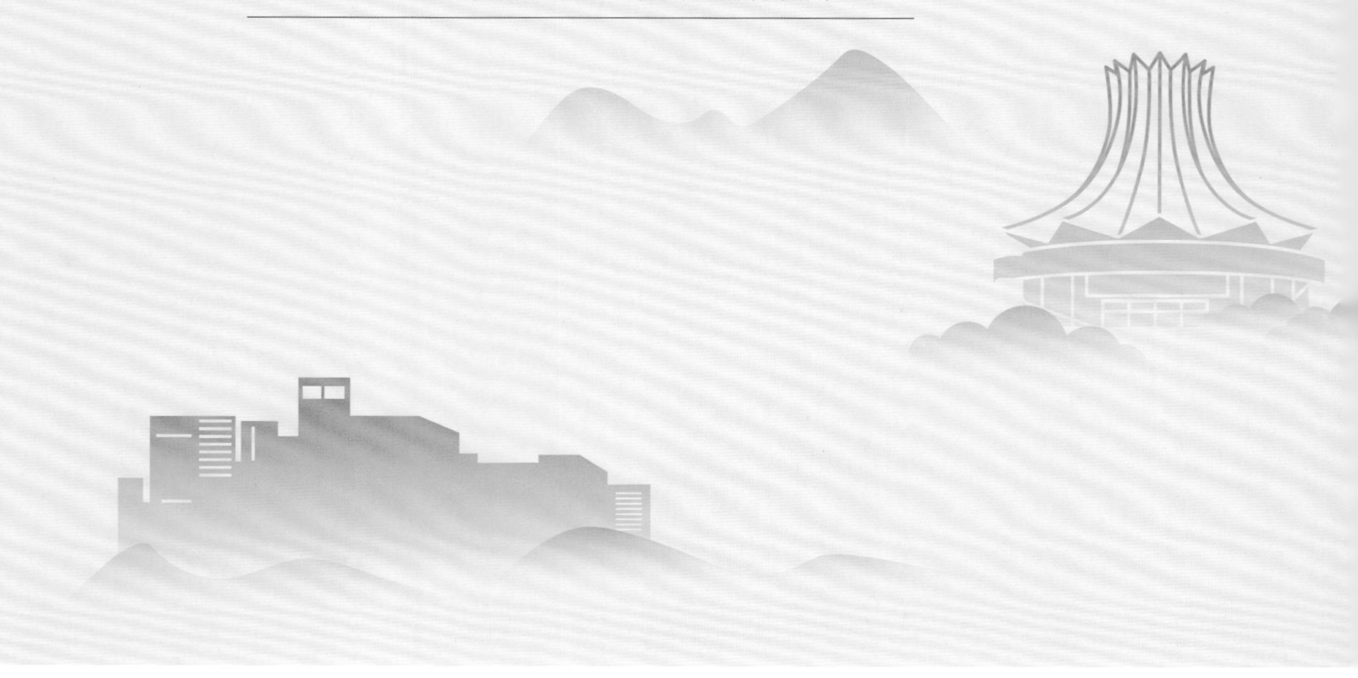

▲ 2017 年 9 月 13—14 日，2017 中国—东盟防灾减灾与可持续发展论坛在南宁举行。12 个国家和地区 20 个境外单位或团体，以及 320 多名专家、学者汇聚一堂，共同探讨中国与东盟国家防灾减灾协同合作机制和自然灾害预报预警等议题

2018 年 8 月 29 日，东盟国家灾害性强对流天气临近预报技术示范培训班在广西南宁开办，9 个东盟国家和中国气象局广州热带海洋气象研究所、成都信息工程大学等 26 位专家和预报员参加培训。

开班授课现场

在南宁市气象局现场教学实习

参观扶绥甘蔗气象服务示范基地

师生交流

户外拓展

参观武鸣柑橘示范园

2018 年 9 月 12—13 日，在第 15 届中国—东盟博览会和中国—东盟商务与投资峰会召开之际，由中国气象局和广西壮族自治区政府联合主办的第 2 届中国—东盟气象合作论坛在南宁召开，论坛主题为“区域气象灾害的监测与信息共享”，旨在推进中国和东盟国家的气象业务技术交流，强化在气象灾害联防和灾害风险管理领域的合作，共同提升区域气象保障能力。

第 2 届中国—东盟气象合作论坛开幕式会场

第 2 届中国—东盟气象合作论坛世界气象组织及各国代表团代表合影

会场全景

2018 年 9 月 10 日，在第 2 届中国—东盟气象合作论坛即将开幕之际，中国气象局东盟大气探测合作研究中心在广西气象技术装备中心揭牌

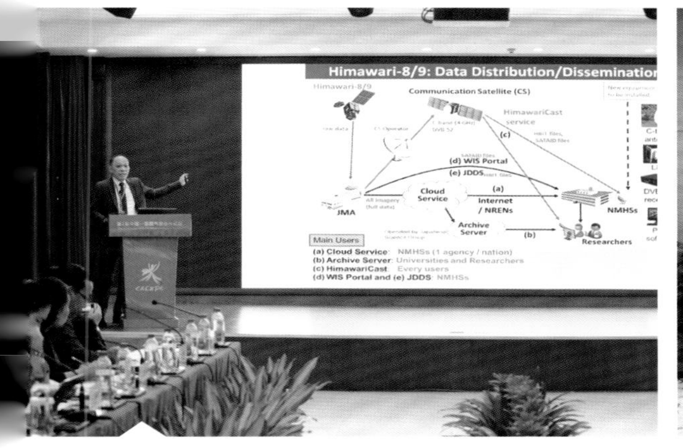

▲ 第 2 届中国—东盟气象合作论坛举行技术交流活动

▲ 中越气象科技合作联合工作组第十二次会议指出，未来两年，中越气象部门将共同推进气象现代化建设，提升两国气象部门业务科技水平和影响力，促进两国经济社会发展

由中国气象局和广西壮族自治区政府联合主办的气象装备与服务展亮相中国—东盟博览会。此次展会的主题为“科技监测气象，创新推动发展”。

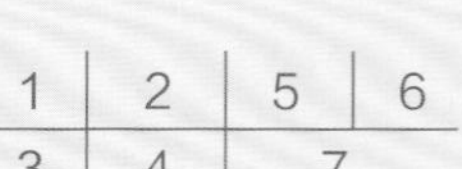

1. 自治区党委书记鹿心社（前排右一）和自治区人大常委会副主任张晓钦（后排右三）、自治区副主席黄伟京（后排右四）参观展览

2. 中国气象局局长刘雅鸣（前排左二）参观展览

3. 自治区副主席黄俊华（前排右一）、中国气象局副局长沈晓农（前排中）参观展览

4. 自治区副主席黄俊华（右三）、自治区气象局副局长钟国平（右四）参观展览

5. 东盟国家嘉宾参观展览

6. 中国气象局向东盟国家水文气象部门发布了风云气象卫星国际用户防灾减灾应急保障机制，并向老挝交付中国援建的气象演播系统

7. 与会外宾代表到自治区气象局参观考察

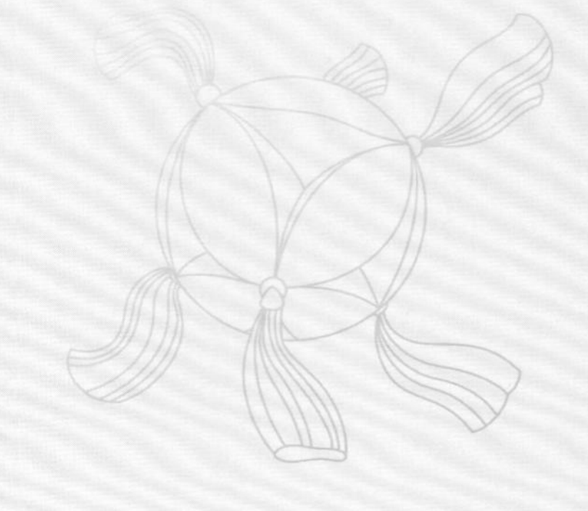

2018 年 9 月12-13日

2019 年 3 月 14—15 日，香港天文台一行到自治区气象局调研

2019 年 5 月 6—16 日，短期气候预测技术在防灾减灾中的应用国际培训班在南宁开班，10 个国家和地区共 15 名学员参训

2019 年 5 月 8—10 日，由国家气候中心主办、自治区气象局协办的第十五届亚洲区域气候监测、预测和评估论坛（FOCRAII）在广西南宁召开

合作谋共赢

随着“一带一路”倡议的稳步推进，广西壮族自治区气象局积极构建合作机制和平台，中国气象局和自治区党委、政府的深化合作，进一步推动了广西气象现代化迈入快车道；局市、部门合作，助推广西基本实现气象现代化的建设阶段性目标提前两年完成。

▲ 2006年11月14日，自治区气象局局长韦力行（左）会见来宾市市长张少康（右），双方共商来宾市气象事业发展

▲ 2007年9月12日，新华社广西分社、自治区气象局举行气象新闻信息宣传合作协议签字仪式。新华社广西分社社长杜新（前排右）、自治区气象局副局长丁凤育（前排左）在合作协议上签字

▲ 2010 年 4 月 2 日，河南省气象局支援广西抗旱救灾工作，向自治区气象局赠送土壤水份速测仪

1	2
3	4

1. 2011 年 11 月 23 日，自治区气象局与防城港市人民政府签署共同建设防城港市气象防灾减灾体系合作协议

2. 2011 年 11 月 24 日，第七届粤西、北部湾区域气象合作会议在广西钦州市召开

3. 2012 年 2 月 26 日，自治区气象局与自治区农业厅签订防灾减灾工作合作协议

4. 2012 年 7 月 4 日，自治区气象局与自治区水产畜牧兽医局签署共建海洋渔业气象保障服务系统合作协议

2012 年 12 月 13 日，自治区气象局与自治区海事局签署深化应急搜救气象信息共享与应用合作协议

2013 年 4 月 10 日，自治区气象局与自治区党委组织部签署气象信息进农村合作协议

1. 2013 年 11 月 14 日，粤赣湘桂边界气象合作理事会第十届年会在贺州市召开

2. 2014 年 6 月 13 日，自治区气象局与防城港市人民政府召开局市合作联席会议

3. 2014 年 9 月 1 日，自治区气象局与自治区环保厅签订重污染天气监测预警预报工作合作协议

2017 年 5 月 15 日，自治区气象局与中国保险监管管理委员会广西监管局签订合作框架协议，并挂牌成立广西保险气象防灾减灾研究中心，服务广西经济社会发展

2017 年 6 月 20 日，自治区气象局与自治区质量技术监督局签订合作协议，双方将加强专业技术合作，增强气象检测服务能力，扩大和深化与东盟国家的交流

2017 年 11 月 1 日，自治区气象局与中国民用航空广西安全监督管理局签署《贯彻落实中国气象局与中国民用航空局〈共同推进航空气象战略合作协议〉实施办法》

2017 年 12 月 20 日，中国气象局与自治区人民政府部区合作第二次联席会议在京举行，会前，中国气象局局长刘雅鸣（中右）会见了自治区副主席张秀隆（中左）

2018 年 11 月 30 日，自治区气象局与中国铁塔公司广西分公司签订战略合作协议，双方在气象基础设施建设等方面建立战略合作伙伴关系

2018 年 12 月 26 日，自治区生态环境厅与自治区气象局签订总体合作框架协议，双方在科学研究等方面深化合作，推动生态环境保护和气象事业共同发展

2019 年 5 月 8 日，第十五届亚洲区域气候监测、预测和评估论坛在广西南宁举行。论坛期间，自治区气象局局长钟国平（右）会见了世界气象组织亚洲和西南太平洋区域办公室主任朴正圭（左）

2019 年 5 月 23 日，自治区气象局与南宁市人民政府联合召开全面推进南宁市气象现代化合作联席会议，总结 2015 年局市合作协议签订以来南宁市气象现代化建设取得的成果，部署 2019—2022 年局市合作的重点任务，签订局市合作协议书

2019 年，自治区气象局与南京信息工程大学签订局校合作协议

2019 年 9 月 18 日，自治区气象局与北部湾大学签订合作框架协议，双方将在海洋气象监测、科技、人才培养、防灾减灾等方面开展合作

2019 年 11 月 22 日，自治区气象局与自治区交通运输厅签订《推进交通气象监测预报预警服务合作框架协议》，双方将建立健全信息共享机制，推进交通气象观测站网建设，共同提升交通气象检测预报预警服务水平

党建与气象文化篇

70 年来，广西气象部门从一个百叶箱，一个观测场、几间值班房，到如今的无人值守自动化观测、现代化的业务平台，基层气象设施更加完善，变化翻天覆地，台站整体面貌、职工工作和生活条件进一步改善，干部职工切身感受到了更多的获得感；自治区气象局党组着力在全区气象部门培育和践行社会主义核心价值观，文明建设蔚然成风；在气象事业的发展历程里，气象部门谱写了一个又一个不负重托、不辱使命的动人故事，荣获了一项又一项沉甸甸的荣誉。

党建工作

广西壮族自治区气象局落实全面从严治党和党风廉政建设的各项要求，加强组织领导，压实“两个责任”，持之以恒落实中央八项规定精神，党的组织建设特别是基层组织建设取得新进展，会风、文风、学风、工作作风不断改进。

区直机关党内法规知识竞赛
优秀组织奖
中共广西壮族自治区直属机关工作委员会
二〇〇四年六月

广西区直机关创先争优活动
党建带群建典型示范单位
中共广西壮族自治区直属机关工作委员会
二〇一二年七月

广西区直机关创先争优活动
精神文明建设典型示范单位
中共广西壮族自治区直属机关工作委员会
二〇一二年七月

2005 年 6 月 27 日，自治区气象局召开保持共产党员先进性教育活动总结大会

2006 年 6 月 30 日，自治区气象局组织纪念建党 85 周年学习《党章》知识竞赛

2006 年 9 月 12 日，全国气象部门廉政文化建设经验交流会在广西南宁市开幕，中国气象局局长秦大河（主席台左六）出席会议并作重要讲话，自治区党委副书记罗建平（主席台左五）参加会议

1	2
3	4

1. 2007 年 10 月 22 日，自治区气象局党组召开党组中心组学习党的十七大专题会议，继续深入学习党的十七大精神

2. 2008 年 7 月 1 日，自治区气象局召开纪念中国共产党建党 87 周年大会

3. 2008 年 10 月 8 日，自治区气象局召开开展深入学习实践科学发展观活动动员大会

4. 2009 年 7 月 1 日，自治区气象局召开纪念中国共产党成立 88 周年党员大会

▲ 2009 年 9 月 21 日，自治区气象局召开党组中心组专题学习会议，传达十七届四中全会精神

▲ 2010 年 11 月 29 日，自治区气象局在凭祥市召开全区气象部门党建工作座谈暨创先争优活动推进会

1	2	3
	4	

1. 2011 年 5 月 30 日，自治区气象局举行"庆祝建党九十周年，好书推荐，读书分享"主题活动

2. 2011 年 6 月 19 日，自治区气象局参加在南宁市民族广场举行的首府南宁党员志愿者创先争优行动活动

3. 2011 年 6 月 30 日，自治区气象局召开庆祝中国共产党成立 90 周年大会

4. 2012 年 6 月 27 日，自治区气象局团员青年开展"永远跟党走"户外互动主题活动

2012 年 12 月 10 日，自治区直属机关宣讲团到自治区气象局作党的十八大精神报告宣讲

2014 年 11 月 13 日，中共广西气象局直属机关第九次代表大会在南宁召开

2015 年 3 月 17 日，自治区气象局党员志愿者举行“兴水利、种好树”主题活动

1. 2015 年 6 月 1 日，自治区气象局党员到新竹社区开展“六一”活动

2. 2016 年 6 月 25 日，自治区气象局参加自治区直属机关纪念建党 95 周年歌咏比赛

3. 2016 年 8 月 16 日，自治区气象局举行学习习近平总书记“七一”重要讲话精神讲座

4. 2016 年 11 月 4 日，自治区气象局开展“学党史、知党恩、跟党走”主题教育活动

1	2
3	4

1. 2017 年 3 月 15 日，自治区气象局到防城港市上思县开展扶贫慰问

2. 2017 年 4 月 23 日，自治区气象局李静锋参加自治区直属机关朗读会

3. 2018 年 5 月 4 日，自治区气象局举行以“党建引领促发展 不忘初心勇担当”为主题的驻村第一书记扶贫故事汇活动

4. 2019 年 3 月 13 日，自治区气象局召开全区气象部门全面从严治党工作会议

5. 2019 年 3 月 25—30 日，自治区气象局机关党委组织局机关党委委员、纪委委员及各党支部书记赴重庆红岩干部党性教育基地开展党性教育专题培训

1. 2019 年 5 月 23 日，来宾市金秀县气象局到长垌乡镇冲村委开展上党课活动

2. 2019 年 6 月 4 日，中国气象局召开全国气象部门“不忘初心、牢记使命”主题教育工作视频会议，深入学习贯彻习近平总书记重要讲话精神，动员部署全国气象部门开展“不忘初心、牢记使命”主题教育活动

3. 2019 年 6 月 26 日，自治区气象局召开庆祝中国共产党成立 98 周年暨“两优一先”表彰大会

4. 2019 年 7 月 12 日，自治区气象局到百色革命教育基地开展革命传统教育

台站风貌

从 1934 年广西省政府成立气象所起，广西气象部门办公环境不断改善，从一个百叶箱、一个观测场、几间值班房，到如今的无人值守自动化观测、现代化的业务平台，基层气象设施更加完善，台站面貌焕然一新。

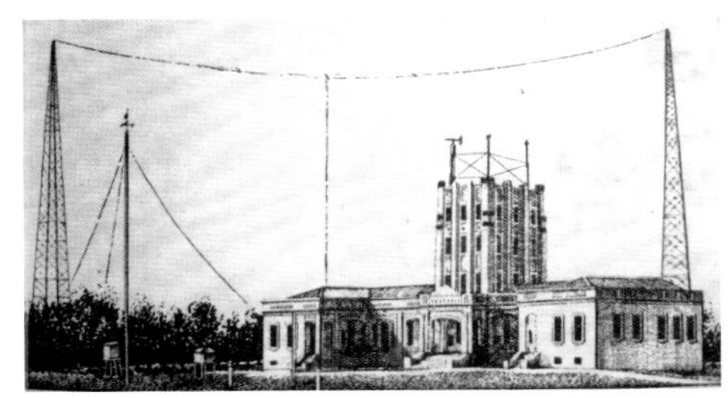

1	2	3
4	5	6

1. 1935 年 8 月，广西省政府气象所
2. 1950 年，南宁市武鸣县气候站办公室
3. 1954 年底，北海市地面观测站
4. 1953 年，广西军区都安气象站（军队编制）全体同志
5. 1955 年，都安气象站
6. 1955 年，都安气象站全体同志合照

1	2
3	4

1. 1956 年，广西省气象局办公楼前劳模合影
2. 1958 年 8 月，自治区气象局共青团员合照
3. 20 世纪 60 年代，桂平气象站旧照
4. 气象员集体观测旧照

1. 1981 年，百色市靖西县气象观测场

2. 1986 年，玉林市陆川县气象观测场

3. 20 世纪 80 年代，上思气象观测站

4. 20 世纪 80 年代，涠洲岛气象站办公楼

▲ 20 世纪 90 年代，自治区气象局办公室

▲ 广西气象大厦

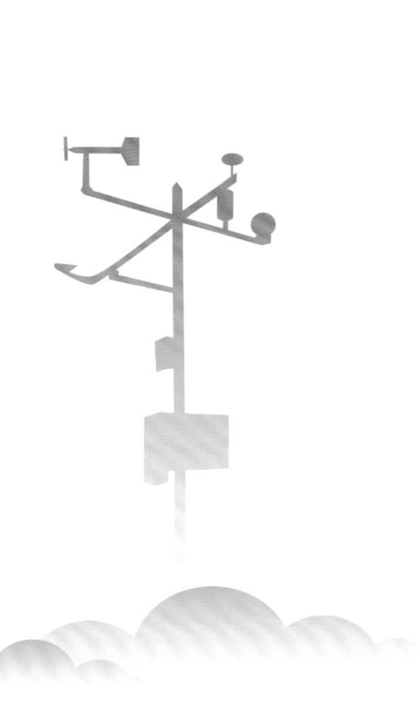

▲ 中国气象局东盟大气探测合作研究中心

▲ 广西气象技术装备中心

▲ 广西气象监测预报中心

1	2
3	5
4	

1. 广西气象数据中心
2. 广西突发事件预警信息发布中心
3. 广西气象影视业务平台
4. 广西防雷减灾业务服务平台
5. 广西气象培训中心综合楼

南宁市气象局

柳州市气象局

桂林市气象局

梧州市气象局

玉林市气象局

百色市气象局

1	2
3	4

1. 钦州市气象局
2. 河池市气象局
3. 崇左市气象局
4. 贺州市气象局

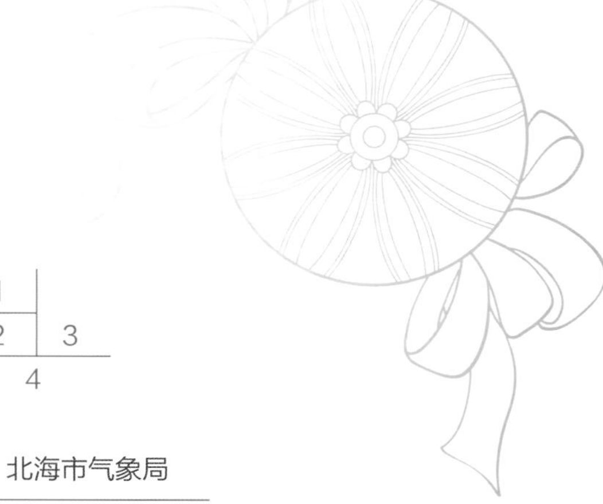

1	
2	3
4	

1. 北海市气象局
2. 防城港市气象局
3. 来宾市气象局
4. 贵港市气象局

南宁高空气象探测站新址

涠洲岛气象站观测场

三娘湾海洋气象预警基地

玉林牛运岭观测场新址

精神文明活动

气象人的故事，在风里，在雨里。广西壮族自治区气象局党组着力在全区气象部门培育和践行社会主义核心价值观，职工工作和生活条件进一步改善，干部职工切身感受到了更多的获得感。

1. 2001 年 5 月 29 日，自治区气象局运动员参加社区文体比赛

2. 2001 年 7 月 8 日，受台风“榴莲”和 “尤特”影响，南宁市邕江洪峰水位达 77.42 米，自治区气象局抗洪抢险突击队奋战在邕江大堤上

3. 2001 年 11 月 10 日，中国气象局和自治区精神文明建设委员会在南宁联合召开命名表彰大会，授予广西气象部门“文明系统”称号。中国气象局局长秦大河（左四）、副局长郑国光（右三），自治区党委副书记、自治区文明委主任马庆生（左三）等出席表彰会

2005 年 7 月 27 日，全国气象人精神演讲比赛南方赛区决赛在南宁举行，自治区气象局领导与获奖人员合影

2005 年 10 月 16—17 日，全国气象行业运动会在北京举办，自治区气象局代表队共 25 名运动员参加比赛，其中 15 个单项获得比赛前 8 名

2006 年 4 月 19 日，自治区气象局参加全国气象行业乒乓球比赛，获得“最佳组织奖”

2006 年 9 月 12 日，全国气象部门廉政文化建设经验交流会文艺晚会在气象大厦举办

2007 年 2 月 27 日，全区气象部门转变干部作风加强机关行政效能建设电视电话会议在南宁召开

2007 年 4 月 19 日，两广气象部门文明结对共建项目——百色市气象体育文化馆和气象预警手机短信平台验收，广东省气象局纪检组长邹建军（前排左四）和自治区气象局纪检组长黄立谦（前排左三）共同为百色市气象体育文化馆落成启用揭牌

2007 年 10 月 8—14 日，中国气象局在南京举行“华风杯”第二届全国气象行业运动会，自治区气象局纪检组长黄立谦率 20 名运动员参加运动会

2008 年 3 月 21 日，自治区气象局开展在邕气象干部职工环南湖健身走活动，宣传“3 · 23”世界气象日

2008 年 5 月 19 日，自治区气象局干部职工深切哀悼四川汶川大地震遇难同胞

1	2
3	4

1. 2008 年 12 月 10 日，参加自治区气象局纪念改革开放 30 周年暨自治区成立 50 周年座谈会的老领导、老专家、离退休老同志参观广西气象部门书画摄影展和改革开放成果展

2. 2009 年 7 月 31 日，自治区气象局局长韦力行、纪检组长黄立谦主持首个领导干部接访日

3. 2009 年 9 月 25 日，自治区气象局举行驻邕气象部门青年干部职工庆祝新中国成立 60 周年演讲比赛

4. 2009 年 12 月 14 日，自治区气象局积极组织干部职工购买 1.5 万多斤（7500 多千克）爱心香蕉

2010 年 4 月 2 日，自治区气象局举行抗旱救灾献爱心捐款仪式

2010 年 9 月 1 日，自治区气象局举行全区气象部门“防雷杯”演讲比赛

2011 年 7 月 12 日，自治区气象局开展无偿献血奉献爱心活动

▲ 2012 年 6 月 8 日，自治区气象局举办庆祝共青团建团 90 周年暨弘扬广西精神演讲比赛

▲ 2012 年 12 月 12—13 日，全区气象部门羽毛球比赛总决赛在南宁举行

2016 年 4 月 24 日，自治区直属机关第七届职工运动会开幕，自治区气象局局长刘家清（上排左四）、纪检组长陈博杰（上排左五）率队参加开幕式

2018 年 7 月 28 日，第十届广西体育节暨自治区直属机关第八届职工运动会开幕式在南宁市青秀山壮锦广场隆重举行

2019 年 10 月，自治区气象局在全国气象部门羽毛球比赛中荣获亚军

2019 年 3 月 8 日，自治区气象局组织开展“插花品香，以花献礼”的主题花艺活动，纪念第 109 个“三八”国际妇女节，贯彻落实党的十九大“人民对美好生活的向往，就是我们的奋斗目标”的宗旨和中国妇女十二大精神

2019 年 4 月 30 日，自治区气象局组织开展以“青春心向党 建功新时代”为主题的“五四”系列活动，纪念五四运动 100 周年，展现广大气象青年积极进取、奋发向上的良好精神风貌

获奖

翻开广西气象文明创建史，那是一页页浓墨重彩的篇章。2001 年，广西各级气象部门全部建成文明单位，在全区率先建成文明系统，文明建设蔚然成风。

▲ 广西气象工作模范奖章

▲ 广西省农林气劳模代表大会纪念章

国务院嘉奖令

桂平县气象站 在社会主义建设中成绩优异，特予嘉奖，此令。

国务院总理 华国锋

一九七九年十二月

广西省人民委员会奖状

新安气象站 谢二毅同志

一九五七年度 观测工作

成绩优异特此颁发奖状以资鼓励

省长 韦国清

169SW19931

奖 励 证 书

广西气象局粮食增产气象服务领导小组：

在一九九O，一九九一年的气象科技扶贫工作中，成绩显著，特授予全国气象科技扶贫先进集体一等奖，以资鼓励。

一九九三年二月

廣西省人民委員會獎狀

獎狀

省長韋國清

公元一九五六年二月廿六日

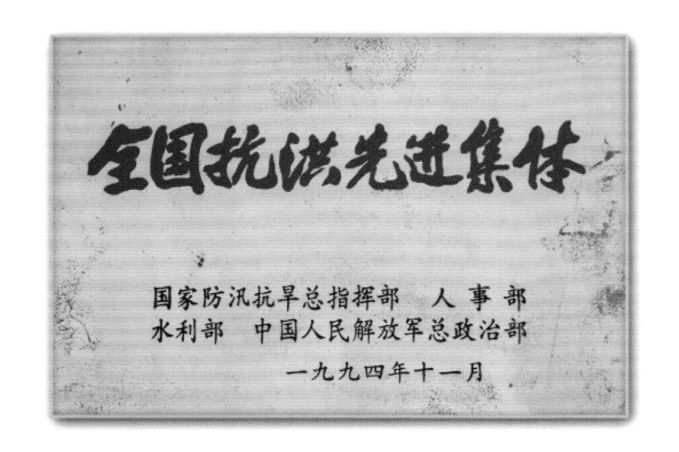
全国抗洪先进集体
国家防汛抗旱总指挥部 人事部
水利部 中国人民解放军总政治部
一九九四年十一月

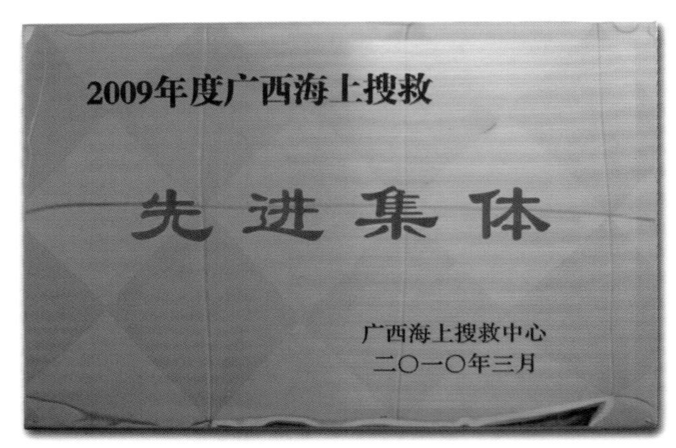
2009年度广西海上搜救
先进集体
广西海上搜救中心
二〇一〇年三月

一九九四年抗洪救灾
先进集体
中共广西壮族自治区委员会
广西壮族自治区人民政府

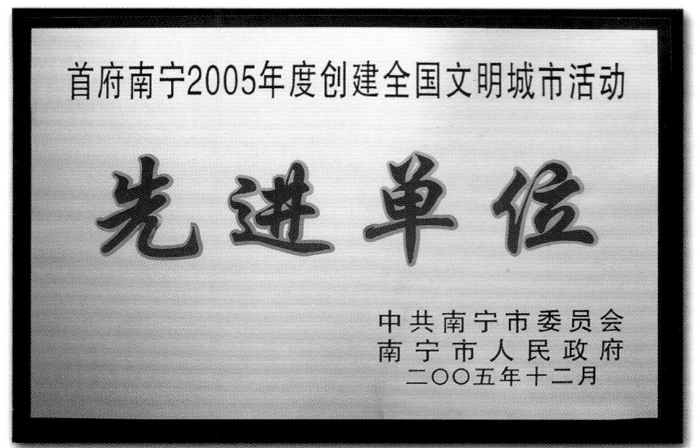
首府南宁2005年度创建全国文明城市活动
先进单位
中共南宁市委员会
南宁市人民政府
二〇〇五年十二月

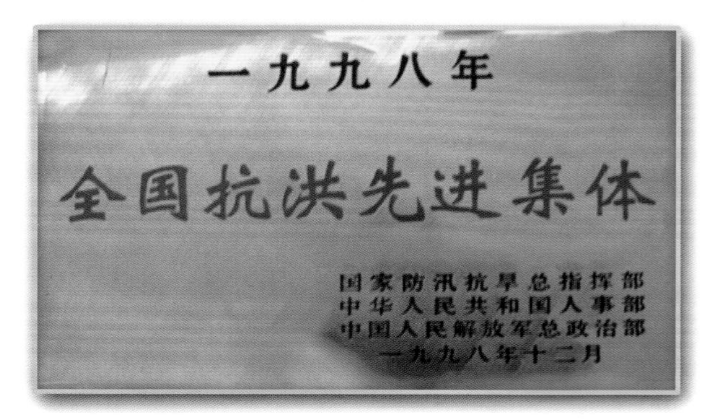
一九九八年
全国抗洪先进集体
国家防汛抗旱总指挥部
中华人民共和国人事部
中国人民解放军总政治部
一九九八年十二月

工人先锋号
广西壮族自治区总工会
2008年3月

CAEXPO
CABIS
先进集体
中国—东盟博览会
中国—东盟商务与投资峰会
广西指挥中心
二〇〇八年十一月

▲ 2010 年，自治区气象局被评为“自治区文明单位”

2001 年，广西各级气象部门全部建成文明单位，在全区率先建成文明系统，中国气象局局长秦大河（右一），自治区党委副书记马庆生（左一）参与授奖仪式

2009 年，自治区气象局获“全国文明单位”称号